普通高等教育"十三五"应用型人才培养规划教材

51单片机
基础实验与综合实践

51 DANPIANJI JICHU SHIYAN YU ZONGHE SHIJIAN

主　编／李作进　聂　玲　翟　渊

副主编／陈刘奎　钟秉翔

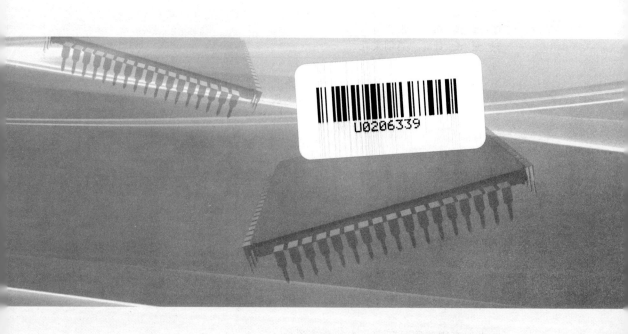

西南交通大学出版社
·成都·

图书在版编目（ＣＩＰ）数据

51 单片机基础实验与综合实践 / 李作进，聂玲，翟渊主编. 一成都：西南交通大学出版社，2016.9

普通高等教育"十三五"应用型人才培养规划教材

ISBN 978-7-5643-5041-3

Ⅰ. ①5… Ⅱ. ①李… ②聂… ③翟… Ⅲ. ①单片微型计算机 – 实验 – 高等学校 – 教学参考资料 Ⅳ. ①TP368.1-33

中国版本图书馆 CIP 数据核字（2016）第 218674 号

普通高等教育"十三五"应用型人才培养规划教材

51 单片机基础实验与综合实践

主编　李作进　聂　玲　翟　渊

责 任 编 辑	宋彦博
助 理 编 辑	张文越
封 面 设 计	墨创文化

出 版 发 行	西南交通大学出版社 （四川省成都市二环路北一段 111 号 西南交通大学创新大厦 21 楼）
发 行 部 电 话	028-87600564　028-87600533
邮 政 编 码	610031
网　　　址	http://www.xnjdcbs.com
印　　　刷	成都中铁二局永经堂印务有限责任公司
成 品 尺 寸	185 mm × 260 mm
印　　　张	8
字　　　数	148 千
版　　　次	2016 年 9 月第 1 版
印　　　次	2016 年 9 月第 1 次
书　　　号	ISBN 978-7-5643-5041-3
定　　　价	22.00 元

前　言

　　"51 单片机技术"是一门实践性很强的课程，也是开展后续芯片学习的基础。学生在学习本课程的过程中加强实际动手能力的训练，对于其巩固和加深对课堂教学内容的理解，提高实际工作技能，培养科学作风具有重要的作用。同时这也为其学习后续课程和从事实践技术工作奠定了基础。为适应高等院校培养应用型人才和教学改革不断深入的需要，我们在多年教学实践和教学改革的基础上编写了本书。

　　本实验指导书分为四部分：第一部分为基础实验，旨在引导学生熟悉单片机软、硬件的开发和调试方法，同时加深对单片机理论知识、结构、外设等的理解。第二部分为综合实验，旨在引导学生利用基础实验部分所学到单片机的编程方法，用单片机的多个外设完成一个综合性的功能，从而掌握单片机多个外设的协调、综合应用技能。第三部分为项目实践，旨在引导学生进行类似于毕业设计或生产实践中的产品技术开发的独立工作过程，包括对给定的任务或需求进行分析、设计、调试、总结等过程，即要对理论知识进行综合应用。附录部分为基础知识，旨在使学生熟悉单片机实验所用的开发板以及调试、下载软件。限于水平和经验，书中难免有不足和疏漏之处，望读者批评指正。

编　者

2016 年 7 月

前　言

目　录

第一篇　51单片机基础实验

实验一　熟悉单片机程序开发软件

一、实验目的

（1）学习单片机实验系统的构成及使用方法。

（2）学习 Keil 软件和 STC-ISP 下载软件的使用方法。

（3）学习单片机 I/O 口的使用方法。

二、实验设备及器件

（1）PC 机　　一台。

（2）实验板　　一块。

三、实验内容

（1）P13 口作输出口，接发光二极管，编写程序，使其闪烁。

（2）P13、P35~P37 口接四只发光二极管 LED1~LED4, P20 口接开关 K1,
编写程序，用开关控制发光二极管的亮灭。

四、实验步骤

（1）设计实验电路，画出电路原理图。

（2）按照 Keil 软件的使用步骤，建立工程。

（3）编写程序，保存文件，将源程序文件加载到工程中，当编译通过之后生成 HEX 文件。

（4）用 STC-ISP 下载软件下载 HEX 文件到单片机系统。

（5）运行、调试程序，观察实验结果。

五、实验参考电路及参考程序

1. 参考电路

实验参考电路如图 1-1-1 所示。

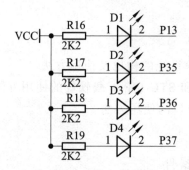

（a）LED 指示灯模块

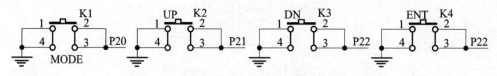

（b）四个独立按键

图 1-1-1　实验参考电路图

2. 参考程序

实验 1：

```
#include "reg52.h"
sbit P13=P1^3;                    //定义 LED 指示灯的 IO 口
void main()
{
    inti;//计时变量
    while(1)
    {
```

```
        for(i=0;i<30000;i++);              //延时
        P13=!P13;                          //指示灯 IO 口反转
    }
}
```

实验 2：

```
#include "reg52.h"
sbit P13=P1^3;                    //定义 LED 指示灯的 IO 口
sbit P20=P2^0;                    //定义 key 的 IO 口
void main()
{
    inti;//计时变量
    while(1)
    {
        for(i=0;i<30000;i++);        //延时
        if( P20==0)    P13=0;        //按键,LED 亮
         else P13=1;                 //LED 亮
    }
}
```

五、思考题

（1）用 P35～P37 口作输出口，接发光二极管，编写并调试程序，使其闪烁。

（2）用 P35～P37 口作输出口，接发光二极管，编写并调试跑马灯程序。

实验二　Keil C51 程序设计上机练习

一、实验目的

（1）学习 Keil 软件的程序调试方法。

（2）学习 Keil C 程序设计及调试，重点学习预处理命令、数据类型的定义。

二、实验设备及器件

（1）PC 机　一台。

（2）实验板　一块。

三、实验内容

（1）单片机 P2 口的 P20 和 P21 各接一个开关 K1、K2，P13、P35、P36 和 P37 各接一只发光二极管。由 K1 和 K2 的不同状态来确定发光二极管的点亮，如表 1-2-1 所示。

表 1-2-1

K2	K1	亮的二极管
0	0	L1
0	1	L2
1	0	L3
1	1	L4

（2）设计一个二进制加 1 计数器，按一次键，加 1，并用 4 个 LED 显示计数结果，加至 16 时清零重新计数。

四 、 实验步骤

（1）设计实验电路，画出电路原理图。

（2）按照 Keil 软件的使用步骤，建立工程。

（3）编写程序，保存文件，将源程序文件加载到工程中，当编译通过之后生成 HEX 文件。

（4）用 STC-ISP 下载软件下载 HEX 文件到单片机系统。

（5）运行、调试程序，观察实验结果。

五 、 实验参考电路及参考程序

1. 参考电路

实验参考电路图如图 1-2-1 所示。

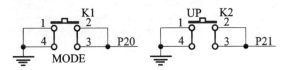

图 1-2-1 独立按键与单片机引脚连接图

2. 参考程序

实验 1：

```
#include<reg51.h>
sbit k1 = P2^0;
sbit k2= P2^1;
void main()
{       while(1)
    {   if(k1 == 0&k2 == 0)
        {
            P1=0xf7;
          P3 = 0xef;
        }
        if(k1 == 1&k2 == 0)
        {
```

```
            P1=0xff;
            P3 = 0xdf;
        }
        if(k1 == 0&k2 == 1)
        {
            P1=0xff;
            P3 = 0xbf;
        }
        if(k1 == 1&k2 == 1)
        {
            P1=0xff;
            P3 = 0x7f;
        }
    }
}
```

实验 2：

```
#include<reg52.h>
sbit  key =    P3^2;
unsigned char a ;
unsigned char count = 0;
void delay(inti)
{
    while(i)
    i--;
}
void main()
{
    while(1)
    {
        if( key==0 )
        {
            delay(10);
            if( key==0)
            {
                count++;
```

```
            while(!key);
            if( count==16)
            count = 0;
            a = count;
            a = ~a;
            a = a<<4;
            P3 = a;
               }
        }
    }
}
```

五、思考题

（1）设计一个二进制减 1 计数器，按一次键，减 1，并用 4 个 LED 显示计数结果，减至 0 时，重新从 15 开始计数。

（2）用 1 个按键控制 LED 的显示，要求显示 3 种以上的不同模式。例如，按第一次键，左边第 2 个灯和右边第 2 个灯轮流显示；按第二次键，1、3 灯和 2、4 灯轮流显示；按第三次键，4 灯同时亮灭。

实验三　单片机中断实验

一、实验目的

（1）掌握单片机的中断系统，学会单片机中断系统的初始化。
（2）学会单片机外部中断的应用。

二、实验设备及器件

（1）PC 机　一台。
（2）实验板　一块。

三、实验内容

（1）采用外部中断的方式实现按键控制 1 个 LED 的亮灭。
（2）采用外部中断的方式实现 4 个 LED 的轮流亮灭。

四、实验步骤

（1）设计实验电路，画出电路原理图。
（2）按照 Keil 软件的使用步骤，建立工程。
（3）编写程序，保存文件，将源程序文件加载到工程中，当编译通过之后生成 HEX 文件。
（4）用 STC-ISP 下载软件下载 HEX 文件到单片机系统。
（5）运行、调试程序，观察实验结果。

五、实验参考电路和参考程序

1. 参考电路

实验参考电路如图 1-3-1 所示。

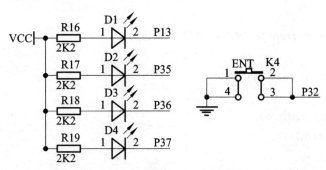

图 1-3-1 LED 按键与单片机引脚连接图

2. 参考程序

实验 1：

```c
#include "reg52.h"
sbit P35=P3^5;
void main()
{
    IT0=1;              //外部中断 0 连沿触发方式
    EX0=1;              //使能外部中断 0
    EA=1;               //开总中断
    P35=0;              //指示灯初始为亮
    while(1)   ;
}
void int0() interrupt 0    //外部中断 0 程序入口
{   P35=!P35;}
```

实验 2：

```c
#include "reg52.h"
sbit P32=P3^2;
void main()
{
```

```
    IT0=1;    //外部中断 0 连沿触发方式
    EX0=1;    //使能外部中断 0
    EA=1;     //开部中断
    while(1)   ;
}

void int0() interrupt 0    //外部中断 0 程序入口
{
    static unsigned char Bit=0;
    Bit++;
    if(Bit>=4)Bit =0;
    switch(Bit)
    {
        case   0: P1=0xf7;P3 = 0xff; break;
        case   1:P1=0xff; P3 = 0xdf; break;
        case   2:P1=0xff; P3 = 0xbf; break;
        case   3:P1=0xff; P3 =0x7f; break;
    }
}
```

五、思考题

（1）采用外部中断的方式实现一个二进制减 1 计数器，按一次键，减 1，并用 4 个 LED 显示计数结果，减至 0 时，重新从 15 开始计数。

（2）采用外部中断的方式实现用 1 个按键控制 LED 的显示，要求显示 3 种以上的不同模式。

实验四 中断及定时器/计数器实验

一、实验目的

（1）掌握单片机的中断系统、定时器的工作原理。
（2）学习单片机中断系统、定时器的应用。

二、实验设备及器件

（1）PC 机 一台。
（2）实验板 一块。

三、实验内容

（1）采用单片机定时器实现 1 个 LED 的亮灭，周期为 1 s。
（2）采用单片机定时器实现 4 个 LED 的轮流亮灭，每个 LED 点亮时间为 1 s。

四、实验步骤

（1）设计实验电路，画出电路原理图。
（2）按照 Keil 软件的使用步骤，建立工程。
（3）编写程序，保存文件，将源程序文件加载到工程中，编译通过之后生成 HEX 文件。
（4）用 STC-ISP 下载软件下载 HEX 文件到单片机系统。
（5）运行、调试程序，观察实验结果。

五、实验参考电路和参考程序

1. 参考电路

实验参考电路如图 1-4-1 所示。

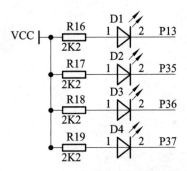

图 1-4-1　LED 与单片机引脚连接图

2. 参考程序

实验 1：

```
#include<reg51.h>
#define THC0 0xee    //高 8 位初值
#define TLC0 0x00    //低 8 位初值
sbit led0=P1^3;
void main()
    {
        TMOD=0x01;// 工作方式控制寄存器
        THO=THC0; // 初值
        TLO=TLC0;
        TRO=1;   //计数运行控制标志
        ETO=1;   //中断允许标志
        EA=1;    //总中断表示允许
    while(1);
    }
    void timer0_ISR(void) interrupt 1
    {
        static unsigned char count=0;
        TL0=TLC0;
```

```
        TH0=THC0;
        count++;
        if(count>=200)    //溢出 200 次实现 1 s 的延时
            {
                count=0;
                led0=!led0;
            }
    }
```

实验 2：

```
#include<reg51.h>
#define THCO 0xee
#define TLCO 0x00
sbit led0=P1^3;
sbit led1=P3^5;
sbit led2=P3^6;
sbit led3=P3^7;
void main()
    {
        TMOD=0x01;
        TL0=TLC0;
        TH0=THC0;
        TR0=1;
        ET0=1;
        EA=1;
        while(1);
    }
void timer0_ISR(void) interrupt 1
    {
        static unsigned char count=0,Bit=0;
        TL0=TLC0;
        TH0=THC0;
        count++;
        if(count>=200)
            {
                count=0;
```

```
Bit++;
if(Bit>=4)
{
  Bit=0;
  P3=P3|0xf0;
  P1=P1|0x0f;
}
switch(Bit)
  {
    case 0:led0=0;break;
    case 1:led1=0;break;
    case 2:led2=0;break;
    case 3:led3=0;break;
  }
 }
}
```

五、思考题

（1）设计 1 个秒计数器，每秒计 1 次数，在 LED 上显示出来，计至 16 清零后重新计数。

（2）在上题基础上用按键控制秒计数器的启停，按 1 次键开始计数，按 2 次停止计数，按 3 次又开始计数。

实验五　数码管显示器实验

一、实验目的

（1）掌握单片机的按键、数码管显示器的工作原理。

（2）学会单片机独立式按键、数码管显示器的应用。

二、实验设备及器件

（1）PC 机　一台。

（2）实验板　一台。

三、实验内容

（1）在一个数码管上显示字符"1"。

（2）在 4 个数码管上显示字符"1""2""3""4"。

（3）设计一个 2 位十进制计数器，每秒加 1，在 LED 上显示。

四、实验步骤

（1）设计实验电路，画出电路原理图。

（2）按照 Keil 软件的使用步骤，建立工程。

（3）编写程序，保存文件，将源程序文件加载到工程中，编译通过之后生成 HEX 文件。

（4）用 STC-ISP 下载软件下载 HEX 文件到单片机系统。

（5）运行、调试程序，观察实验结果。

五、实验参考电路和参考程序

1. 参考电路

实验参考电路图如图 1-5-1 所示。

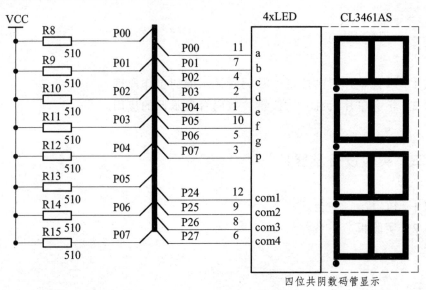

图 1-5-1 数码管与单片机引脚连接图

2. 参考程序

```
#include "reg52.h"
#define THCO     0xee
#define TLCO     0x0
unsigned char code Duan[]={0x3F,  0x06,0x5B,0x4F,0x66,0x6D,0x7D,0x07,
0x7F,0x6F};
                          //共阴极数码管，0~9段码表
unsigned char Data_Buffer[4]={1,2,3,4};//四个数码管显示数值，数组变量定
义
sbit P24=P2^4;                //四个数码管的位码口定义
sbit P25=P2^5;
sbit P26=P2^6;
sbit P27=P2^7;
void main()
```

```
{
    TMOD=0x11;                      //定时器 0 初始化
    TH0=THCO;
    TL0=TLCO;
    TR0=1;
    ET0=1;
    EA=1;
    while(1)   ;
}

void timer0() interrupt 1
{
    static unsigned char Bit=0;     //静态变量，退出程序后，值保留
    TH0=THCO;
    TL0=TLCO;
    Bit++;
    if(Bit>=4)Bit=0;
    P2|=0xf0;                       //先关位码
    P0=Duan[Data_Buffer[Bit]];      //开段码
    switch(Bit)                     //送位码
    {
    case 0: P24=0;break;
    case 1: P25=0;break;
    case 2: P26=0;break;
    case 3: P27=0;break;
    }
}
```

五、思考题

用按键作为显示模式选择键，实现上述实验中 3 个显示画面的切换，即上电显示"1"，按 1 次键显示"1234"，按第 2 次键显示 2 位秒计数器，按 3 次键又显示"1"。

实验六　51单片机键盘与数码管显示

一、实验目的

（1）熟悉矩阵键盘作为输入设备的编程方法。

（2）再次熟悉数码管的显示。

二、实验设备及器件

（1）PC机　　　　　　　　　　　　　　　　　一台。

（2）XET-51DH单片机综合创新实验箱　　　一台。

（3）8根排线　　　　　　　　　　　　　　　一排。

（4）杜邦线　　　　　　　　　　　　　　　　若干根。

三、实验内容

利用行列式方法编写一段程序，实现按4×4键盘（键盘电路如图1-6-1所示）的不同按键时，在数码管上显示不同的数字（0～15）。

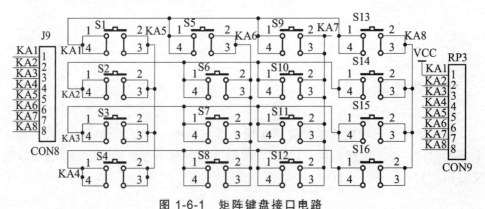

图1-6-1　矩阵键盘接口电路

四、实验步骤

（1）矩阵键盘接 P2 口，编写程序并在集成开发环境上调试运行直到无误。接线：用排线将 A9 区的 J9 接单片机的 P2 口。

（2）数码管接线：将 B8 区的拨码开关 SW3 的 P10、P11 拨向 ON，将 B7 区拨码开关 SW10 拨向 ON。

（3）仿真程序并运行查看结果。

五、参考程序

```
#include<reg51.h>
#define uchar unsigned char
#define uint unsigned int
uchar   code Duan[]={0x3F, 0x06,0x5B,0x4F,0x66,0x6D,0x7D,0x07,0x7F,0x6F};
                                //共阴极数码管，0～9段码表
uchar   Data_Buffer[2]={0,0};   //2个数码管显示数值，数组变量定义
uchar time = 0;
uchar flag=0;
sbit P10=P1^0;                  //数码管的位码口定义
sbit P11=P1^1;                  //数码管的位码口定义
void Time_init()
{
    TMOD=0x11;                  //定时器 0 初始化
    TH0=(65535-5000)/256;       //送初值，定时时间为 5 ms
    TL0=(65535-5000)%256;
    TR0=1;                      //启动定时器 0
    ET0=1;                      //开定时器 0 中断
    EA=1;                       //开总中断
}
void delay_ms(unsigned short int z)
{
    unsigned short int x,y;
    for(x=0;x<z;x++)
        for(y=0;y<110;y++);
```

```
}
void key()
{
    uchar temp_pin;
    P2=0xf0;
    if((P2&0xf0)!=0xf0)
    {
        delay_ms(1);
        if((P2&=0xf0)!=0xf0) //消抖
        {
            P2=0xfe;
            temp_pin=(P2&0xf0);
            switch (temp_pin)       //对按下的键进行判断
            {
                case 0xe0:Data_Buffer[1]=5;Data_Buffer[0]=1;break;
                case 0xd0:Data_Buffer[1]=4;Data_Buffer[0]=1;break;
                case 0xb0:Data_Buffer[1]=3;Data_Buffer[0]=1;break;
                case 0x70:Data_Buffer[1]=2;Data_Buffer[0]=1;break;
                default:break;
            }
            P2=0xfd;
            temp_pin=(P2&0xf0);
            switch (temp_pin)
            {
                case 0xe0:Data_Buffer[1]=1;Data_Buffer[0]=1;break;
                case 0xd0:Data_Buffer[1]=0;Data_Buffer[0]=1;break;
                case 0xb0:Data_Buffer[1]=9;Data_Buffer[0]=0;break;
                case 0x70:Data_Buffer[1]=8;Data_Buffer[0]=0;break;
                default:break;
            }
            P2=0xfb;
            temp_pin=(P2&0xf0);
            switch (temp_pin)
            {
                case 0xe0:Data_Buffer[1]=7;Data_Buffer[0]=0;break;
                case 0xd0:Data_Buffer[1]=6;Data_Buffer[0]=0;break;
```

```
                        case 0xb0:Data_Buffer[1]=5;Data_Buffer[0]=0;break;
                        case 0x70:Data_Buffer[1]=4;Data_Buffer[0]=0;break;
                        default:break;
                }
                P2=0xf7;
                temp_pin=(P2&0xf0);
                switch (temp_pin)
                {
                        case 0xe0:Data_Buffer[1]=3;Data_Buffer[0]=0;break;
                        case 0xd0:Data_Buffer[1]=2;Data_Buffer[0]=0;break;
                        case 0xb0:Data_Buffer[1]=1;Data_Buffer[0]=0;break;
                        case 0x70:Data_Buffer[1]=0;Data_Buffer[0]=0;break;
                        default:break;
                }
        }
    }
}
 void main()
{
    Time_init();
    while(1)
    {
        key();
    }
}
void timer0() interrupt 1
{
        static unsigned char Bit=0;        //静态变量，退出程序后，值保留
        TH0=(65535-5000)/256;              //送初值
        TL0=(65535-5000)%256;
        Bit++;
        time++;
        if(time >= 200)
        {
            flag=1;
            time =0;
```

```
    }
    if(Bit>=2)Bit=0;
    P1|=0x3f;                          //先关位码
    P0=Duan[Data_Buffer[Bit]];         //开段码
    switch(Bit)                        //送位码
    {
      case 0: P10=0;break;
      case 1: P11=0;break;
    }
}
```

实验七　串口通信实验

一、实验目的

利用单片机的 TXD、RXD 端口，使用户熟悉单片机的串行口的使用。

二、实验设备及器件

（1）PC 机　　　　　一台。
（2）单片机实验板　一台。

三、实验内容

编写一段程序，使数码管显示从上位机接收到的对应数值（0~9），并将此值发送给上位机。（注：此实验只能用 STC 芯片，将 HEX 文件下载进去才能观看运行结果）

四、实验步骤

（1）按照 Keil 软件的使用步骤，建立工程。
（2）编写程序，保存文件，将源程序文件加载到工程中，编译通过之后生成 HEX 文件。
（3）用 STC-ISP 下载软件下载 HEX 文件到单片机系统。
（4）运行、调试程序，利用 STC-ISP 的串口助手窗口发送数据给单片机，在单片机的数码管上观察接收到的数据；并在 STC-ISP 的串口助手窗口中观察接收到的数据。

五、参考例程

```c
#include "reg52.h"
#define THCO    0xee
#define TLCO    0x0
Unsignedchar   code Duan[]={0x3F, 0x06,0x5B,0x4F,0x66,0x6D,0x7D,0x07,
                  0x7F,0x6F};          //共阴极数码管，0～9段码表
unsigned char   Data_Buffer[4]={1,2,3,4};   //四个数码管显示数值，数组变
                                            //量定义
sbit P24=P2^4;                          //四个数码管的位码口定义
sbit P25=P2^5;
sbit P26=P2^6;
sbit P27=P2^7;
sbit P34=P3^4;
void main()
{
TMOD=0x20;                              //方式控制字方式2，定时T1
SCON=0x50;                              //串口方式1，允许串口接收
TH1=0xfd;                               //设置波特率为9600 kbit/s
TL1=0xfd;
TR1=1;                                  //开定时器1
ES=1;                                   //串口中断允许
TH0=THCO;
TL0=TLCO;
TR0=1;                                  //开定时器0
ET0=1;                                  //定时器TO溢出中断标志
EA=1;                                   //总允许
 while(1);
}
void timer0() interrupt 1
{
 static unsigned char Bit=0;            //静态变量，退出程序后，值保留
 TH0=THCO;
 TL0=TLCO;
 Bit++;
  if(Bit>=4)Bit=0;
  P2|=0xf0;                             //先关位码
```

24

```
    P0=Duan[Data_Buffer[Bit]];          //开段码
    switch(Bit)                          //送位码
  {
    case 0: P24=0;break;
    case 1: P25=0;break;
    case 2: P26=0;break;
    case 3: P27=0;break;
  }
}
voidseri()interrupt 4
{
unsigned char temp;
    if(RI==1) //接收中断请求
    {
temp=SBUF;
    RI=0;
    if(temp>=0&&temp<=9)//接收到的数据为 0～9 时显示到数码管上
      {
            Data_Buffer[0]=temp;
            Data_Buffer[1]=temp;
            Data_Buffer[2]=temp;
            Data_Buffer[3]=temp;
            P34=!P34;
      }
    TI=1;
    SBUF=temp;
    while(TI==0);
    TI=0;
  }
  }
```

六、思考题

利用单片机的串行口向 PC 机发送数据 0x55，运行结果可以通过在 PC 的接收软件上看见，验证接收数据是否正确。

实验八　PCF8591 与单片机接口

一、实验目的

（1）掌握 A/D 转换芯片 PCF8591 与单片机的接口方法及 PCF8591 芯片性能。

（2）了解单片机实现数据采集的方法。

二、实验设备及器件

（1）PC 机　一台。

（2）实验板　一块。

三、实验内容

编写一段程序，通过 PCF8591 实现单片机对模拟输入通道 0 电压的采集，使采集到的数据显示在数码管上。

四、实验步骤

（1）设计实验电路，画出电路原理图。

（2）按照 Keil 软件的使用步骤，建立工程。

（3）编写程序，保存文件，将源程序文件加载到工程中，编译通过之后生成 HEX 文件。

（4）用 STC-ISP 下载软件下载 HEX 文件到单片机系统。

（5）运行、调试程序。

（6）控制 P1.4 为高电平，使热敏电阻的阻值发生变化，观察实验结果

五、参考程序

C51 例程
```
#include "reg52.h"
#include <intrins.h>
#define   uchar unsigned char
#define   uint unsigned int
#define   PCF8591 0x90          //PCF8591 地址
#define   THCO    0xee          //11.0592 MHz 晶振
#define   TLCO    0x00          //定时 5 ms 时间常数值
#define   NOP()   _nop_()       /* 定义空指令 */


unsigned char Data_Buffer[4]={1,2,3,4};
uchar code Duan[17]={0x3f,0x06,0x5b,0x4f,0x66,0x6d,0x7d,0x07,
                     0x7f,0x6f,0x77,0x7c,0x39,0x5e,0x79,0x71,0x76};


sbit   P24=P2^4;                //四个数码管的位码口定义
sbit   P25=P2^5;
sbit   P26=P2^6;
sbit   P27=P2^7;


bit    flag=0;
sbit   P14=P1^4;   //温度控制引脚


sbit   SCL=P3^6;         //I2C   时钟
sbit   SDA=P3^7;         //I2C   数据
bit    ack;             /*应答标志位*/
/******启动总线函数
函数原型: void   Start_I2c();
功能:     启动 I2C 总线,即发送 I2C 起始条件.
****************/
void Start_I2c()
{
  SDA=1;        /*发送起始条件的数据信号,即释放总线*/
  SCL=1;        /*发送起始条件的时钟信号,即释放总线*/
  NOP();        /*起始条件建立时间大于 4.7 μs,延时*/
```

```
    NOP();
    NOP();
    NOP();
    NOP();
    SDA=0;              /*发送起始信号*/
    NOP();                /* 起始条件锁定时间大于 4 μs*/
    NOP();
    NOP();
    NOP();
    NOP();
    SCL=0;              /*钳住 I2C 总线，准备发送或接收数据 */
    NOP();
    NOP();
}
```

```
/************结束总线函数
函数原型: void   Stop_I2c();
功能:       结束 I2C 总线,即发送 I2C 结束条件.
******************/
void Stop_I2c()
{
    SDA=0;       /*发送结束条件的数据信号*/
    NOP();       /**/
    SCL=1;       /*发送结束条件的时钟信号*结束条件建立时间大于 4 μs*/
    NOP();
    NOP();
    NOP();
    NOP();
    NOP();
    SDA=1;                /*发送 I2C 总线结束信号*/
    NOP();
    NOP();
    NOP();
    NOP();
    NOP();
}
```

/****字节数据发送函数

函数原型: void   SendByte(UCHAR c);

功能: 将数据 c 发送出去,可以是地址,也可以是数据,发完后等待应答,并对此状态位进行操作(不应答或非应答都使 ack=0)。

发送数据正常, ack=1; ack=0 表示被控器无应答或损坏。

************/

```c
void    SendByte(unsigned char c)
{
unsigned char    BitCnt;

 for(BitCnt=0;BitCnt<8;BitCnt++)   /*要传送的数据长度为 8 位*/
    { SCL=0;
     if((c<<BitCnt)&0x80)SDA=1;    /*判断发送位*/
    else    SDA=0;
        NOP();
        SCL=1;              /*置时钟线为高，通知被控器开始接收数据位*/
        NOP();
        NOP();              /*保证时钟高电平周期大于 4 μs*/
        NOP();
        NOP();
        NOP();
        SCL=0;
    }

        NOP();
        NOP();
        SDA=1;              /*8 位发送完后释放数据线，准备接收应答位*/
        NOP();
        NOP();
        SCL=1;
        NOP();
        NOP();
        NOP();
if(SDA==1)ack=0;
        else ack=1;         /*判断是否接收到应答信号*/
        NOP();
```

```
        NOP();
}


/********字节数据接收函数
函数原型：UCHAR    RcvByte();
功能：          用来接收从器件传来的数据,并判断总线错误(不发应答信号)，
发完后请用应答函数应答从机。
*****************/
unsigned char    RcvByte()
{
unsigned char    retc;
unsigned char    BitCnt;
retc=0;
SCL=0;
NOP();
NOP();
NOP();
NOP();
SDA=1;                          /*置数据线为输入方式*/
for(BitCnt=0;BitCnt<8;BitCnt++)
    {
NOP();
SCL=0;                          /*置时钟线为低，准备接收数据位*/
NOP();
NOP();                          /*时钟低电平周期大于 4.7 μs*/
NOP();
NOP();
NOP();
  SCL=1;                        /*置时钟线为高使数据线上数据有效*/
NOP();
NOP();
retc=(retc<<1)|SDA;             /*读数据位,接收的数据位放入 retc 中  */
NOP();
NOP();
    }
NOP();
```

30

```
NOP();
return(retc);
}
/*******应答子函数
函数原型:   void Ack_I2c(bit a);
功能:        主控器进行应答信号(可以是应答或非应答信号, 由位参数 a 决定)
*****************/
void Ack_I2c(bit a)
{
   if(a)SDA=0;                      /*在此发出应答或非应答信号 */
   else SDA=1;
NOP();
NOP();
NOP();
SCL=1;
NOP();
NOP();                             /*时钟低电平周期大于 4 μs*/
NOP();
NOP();
NOP();
SCL=0;                             /*清时钟线, 钳住 I2C 总线以便继续接收*/
NOP();
NOP();
SDA=1;
}
bitISendByte(unsigned char sla,unsigned char c);
unsigned char IRcvByte(unsigned char sla);
void main(void)              //主程序
{
unsigned char v;
 TMOD=0x11;                  //设置定时器 0 工作模式,16 位计数模式
 TH0=THCO;
 TL0=TLCO;
 TR0=1;                      //启动定时器
 ET0=1;                      //使能定时器中断
 EA=1;                       //开总中断
```

```
    P14=1;
while(1)
    {
        if(flag==1)                 //采样时间间隔
{
flag=0;
ISendByte(PCF8591,0x41);
v=IRcvByte(PCF8591);            //ADC0    模数转换 0

Data_Buffer[1]=v/100%10;
Data_Buffer[2]=v/10%10;
Data_Buffer[3]=v%10;
}
    }
}
void timer0() interrupt 1          //定时器中断服务子程序
{
  static unsigned int count=0;     //软计时变量定义
  static unsigned char Bit=0;      //静态变量，退出程序后，值保留
  TH0=THCO;
  TL0=TLCO;
  Bit++;
if(Bit>=4)Bit=0;
  P2|=0xf0;                        //先关位码
  P0=Duan[Data_Buffer[Bit]];       //开段码
  //if(Bit==1)P0|=0x80;            //第二位数码管显示标点符号
  switch(Bit)                      //送位码
  {
case 0: P24=1;break;
case 1: P25=0;break;
case 2: P26=0;break;
case 3: P27=0;break;
  }
count++;
  if(count>=20)                    //100 ms 时间到
  {
```

32

```
count=0;
flag=1;
  }
}
/*********************************************************************
ADC 发送字节[命令]数据函数
**********************************************************************/
Bit ISendByte(unsigned char sla,unsigned char c)
{
Start_I2c();              //启动总线
SendByte(sla);            //发送器件地址
if(ack==0)return(0);
SendByte(c);              //发送数据
if(ack==0)return(0);
Stop_I2c();               //结束总线
return(1);
}
/*********************************************************************
ADC 读字节数据函数            8 位 AD.DA 转换器
**********************************************************************/
unsigned char IRcvByte(unsigned char sla)
{   unsigned char c;
    Start_I2c();          //启动总线
SendByte(sla+1);          //发送器件地址
if(ack==0)return(0);
    c=RcvByte();          //读取数据 0
    Ack_I2c(1);           //发送非应答位表示主机的数据已经读完了
    Stop_I2c();           //结束总线
    return(c);
}
```

第二篇 51 单片机综合实验

实验一 波形发生器设计

1. 任务与要求

（1）能实现正弦波、锯齿波、三角波和方波信号的输出。

（2）电路输出频率具有产生正弦波、锯齿波、方波、三角波四种周期性波形的功能。

（3）输出波形的频率范围为 1～100 Hz；重复频率可调，频率步进间隔≤100 Hz。

（4）输出波形幅度范围 0～5 V（峰-峰值）。

（5）具有显示输出波形的类型、重复频率（周期）和幅度的功能，同时可调并能显示频率。

2. 设计思路

以 AT89C51 单片机为控制核心，接 DAC0832，信号输入并进行数模转换，P2 口的 P20、P21、P22、P23 接独立键盘，P1 口的 P10、P11、P12 接液晶显示器 12864 的 CS、RW、CLK，由程序控制 P0 口产生波形（分别是正弦波、锯齿波、方波和三角波），再由按键及按键次数控制产生波形的种类及频率在一定范围内可调。由运放 LM358 实现 DAC0832 输出电流到电压的转换，即实现数字信号到模拟信号的转换。在 LCD12864 上实时的显示波形种类及频率，波形在示波器上产生。

3. 电路原理图及接线

波形发生器原理图及接线如图 2-1-1 所示。

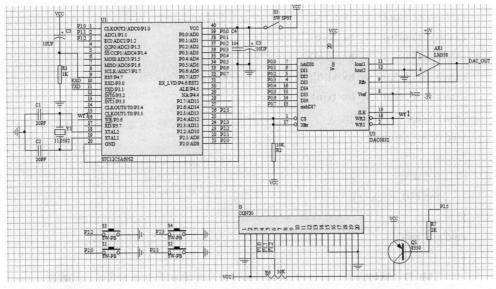

图 2-1-1　波形发生器原理图

4. 波形程序

程序说明：

（1）液晶 B1 区 SW11 全部拨到 ON，同时将 CS1 接到 GND。

（2）将 B2 区的 SW6 中 P36 拨到 WR，即 WR 接 P36，同时，用杜邦线把 CS 接到 GND。

（3）检测波形用示波器接在 B2 区的 J40，即 DA_OUT。

主程序

```
#include<reg51.h>
#include<math.h>
#include<intrins.h>
#include<boxing_switch.h>
#include<yejin.h>
#include<key.h>
#define uchar unsigned char
#define uint unsigned int
sbit wr1 = P3^6;          //0832 输出使能控制端
extern uint frq;          //频率
extern uint tl,th;
extern uchar moshi;       //输出波形
```

35

```
extern uint count;                          //用于定时器计数
extern data uchar   yj_bx_fb[6];
extern data uchar   yj_bx_zx[6];
extern data uchar   yj_bx_sj[6];
extern data uchar   yj_bx_tx[6];
extern uchar   yj_frq[4];
void delay_us(uint z)
{
    uchar x;
    for(x=0;x<z;x++);
}
void sys_init()
{
    TMOD = 0x01;                            //设置定时器 0 为工作方式 1   , 16 位
    TH0 = 0xa6;
    TL0 = 0x00;                             //定时器为 25 ms
    ET0 = 1;
    TR0 = 1;                                //开定时中断
    EA = 0;                                 //关闭中断

                                            //函数：void main()
void main()
{
    sys_init();
    lcd_init();
    delay_ms(30);
    deal_frq(moshi);
    EA=1;
    while(1)
    {
        key_scan();
    }
}
void time0() interrupt 1
{
    TH0 = th;
```

```
        TL0 = tl;
        wr1 = 0;
        display(moshi);          //调用显示波形函数
        delay_us(2);
        wr1 = 1;
}
```

key—键盘扫描子程序

```
#ifndef __key_H__
#define __key_H__
#include<reg51.h>
#include<yejin.h>
#define uchar unsigned char
#define uint unsigned int
sbit key1 = P2^0;
sbit key2 = P2^1;
sbit key3 = P2^2;
sbit key4 = P2^3;
uchar moshi = 0;
uint th = 0xa6;//初值为 25 ms。频率为 1 Hz
uint tl = 0x00;
extern uint frq = 1;
extern data uchar   yj_bx_fb[6];
extern data uchar   yj_bx_zx[6];
extern data uchar   yj_bx_sj[6];
extern data uchar   yj_bx_tx[6];
extern uchar   yj_frq[4];
void delay_ms(uint z)
{
        int x,y;
        for(x = 0;x < z;x++)
                for(y = 0;y < 110;y++);
}
void deal_frq(uchar ms)
{
        P0 = 0;
```

```
count = 0;
th = (65536 - 23 * (uint)(1000/frq)-1)/256;
tl = (65536 - 23 * (uint)(1000/frq)-1)%256;      //得到修改频率后的波形输出在定时器
                                                 //的初值
switch( ms )
{
    case 0 :                                     //方波
    {
        printstr(0x92,6,yj_bx_fb);
        break;
    }
    case 1 :                                     //正弦波
    {
        printstr(0x92,6,yj_bx_zx);
        break;
    }
    case 2 :                                     //三角波
    {
        printstr(0x92,6,yj_bx_sj);
        break;
    }
    case 3 :                                     //梯形波
    {
        printstr(0x92,6,yj_bx_tx);
        break;
    }
    default : break;
}
yj_frq[0] = frq/1000+0x30;
yj_frq[1] = frq%1000/100+0x30;
yj_frq[2] = frq%100/10+0x30;
yj_frq[3] = frq%10+0x30;                         //求出显示的频率

display_lcd(0,0x89);
display_lcd(1,yj_frq[0]);
display_lcd(1,yj_frq[1]);
```

```
        display_lcd(1,yj_frq[2]);
        display_lcd(1,yj_frq[3]);
}
void key_scan()
{
    if(key1 == 0)                                    //模式转换
    {
        EA = 0;
        delay_ms(5);
        if(key1 == 0)
        {
            moshi ++;
            if(moshi >= 4)
                moshi =0;
                deal_frq(moshi);
            while(!key1);
        }
        EA = 1;
    }
    if(key2 == 0)                                    //频率升高, + 10 Hz
    {
        EA = 0;
        delay_ms(5);
        if(key2 == 0)
        {
            frq += 10;
            if(frq > 100)
                frq = 1;
            deal_frq(moshi);
            while(!key2);
        }
        EA = 1;
    }
    if(key3 == 0)                                    //频率以 10 的倍数增长,
    {
        EA = 0;
```

```
        delay_ms(5);
        if(key3 == 0)
        {
            frq *= 10;
            if(frq > 100 )
                frq = 1;
            deal_frq(moshi);
            while(!key3);
        }
        EA = 1;
    }
}
#endif
```

波形输出子程序

```c
#ifndef __boxing_switch_H__
#define __boxing_switch_H__
#include<reg51.h>
#define uchar unsigned char
#define uint unsigned int
uint count = 0;                       //方波时计数
uchar xdata fb[40] = {0x0,0,0,0,0,0,0,0,0,0,0,0,0,0,0,0,0,0,0,0,
    255,255,255,255,255,255,255,255,255,255,255,255,255,255,255,255,255,255,255,255};
                                      //方波
uchar xdata zxb[40] = {147,167,185,202,217,230,241,248,253,255,253,248,241,230,
    217,202,185,167,147,128,108,88,70,53,38,25,14,7,2,1,2,7,14,25,38,53,70,88,108,128};
                                      //正弦波
uchar xdata sjb[40] = {13,26,39,52,64,77,90,103,115,128,141,154,166,179,192,205,217,
230,243,255,243,230,217,205,192,179,166,154,141,128,115,103,90,77,64,52,39,26,13,1};
                                      //三角波
Ucharxdata  txb[40] = {1,26,52,77,103,128,154,179,205,230,255,255,255,255,255,255,255,
255,255,255,255,255,255,255,255,255,255,255,255,255,255,230,205,179,154,128,103,77,52,26,1};
                                      //梯形波
void display(uchar bx)                //显示波形
{
    switch(bx)
```

```
        {
            case 0 :              // 方波
            {
                P0 = fb[count];
                count ++;
                if(count >= 40)
                    count = 0;
                break;
            }
            case 1 :              //正弦波
            {
                P0 = zxb[count];
                count ++;
                if(count >= 40)
                    count = 0;
                break;
            }
            case 2 :              //三角波
            {
                P0 = sjb[count];
                count ++;
                if(count >= 40)
                    count = 0;
                break;
            }
            case 3 :              //梯形波
                                  //分为3个部分, 前1/3为上升, 中间为保持, 后面为下降
            {
                P0 = txb[count];
                count ++;
                if(count >= 40)
                    count = 0;
                break;
            }
        }
    }
#endif
```

液晶子程序

```c
#ifndef __yejin_H__
#define __yejin_H__
#include<reg51.h>
#include<intrins.h>
#define uchar unsigned char
#define uint unsigned int
sbit cs = P1^0;
sbit rw = P1^1;
sbit clk = P1^2;
uchar data yj_bx_fb[6]={"方波"};
uchar data yj_bx_zx[6]={0xD5,0xFD,0xCF,0xD2,0xB2,0xA8};      //正弦波的 ASICII 码
uchar data yj_bx_sj[6]={0xC8,0xFD,0xBD,0xC7,0xB2,0xA8};      //三角波的 ASICII 码
uchar data yj_bx_tx[6]={"梯形波"};
uchar data biaoti[10]={"波形发生器"};
uchar   yj_frq[4];
void delay(unsigned short int z)
{
    unsigned short int x,y;
    for(x=0;x<z;x++)
        for(y=0;y<110;y++);
}
void display_lcd(uchar com,uchar ddata)                      //写指令，写数据
{
    int i,j;
    uchar data1;
    delay(2);
    cs=1;
    clk=0;
    data1=ddata;
    rw=1;
    for(i=0;i<5;i++)
    {
        clk=1;clk=0;
    }
    rw=0;
```

```
        clk=1;clk=0;
        if(com==1)
              rw=1;
        else
              rw=0;                              //1 为指令，0 为数据
        clk=1;clk=0;
        rw=0;
        clk=1;clk=0;
        for(i=0;i<2;i++)
        {
              for(j=0;j<4;j++)
              {
                    if(data1&0x80)
                          rw=1;
                    else
                          rw=0;
                    data1=data1<<1;
                    clk=1;clk=0;
              }
              rw=0;
              for(j=0;j<4;j++)
              {
                    clk=1;
                    clk=0;
              }
        }
}
void printstr(unsigned char x_y,unsigned char size,char *str)//xie zifu chuan
{
        unsigned char temp;                    //x 为字符首地址，size 为长度,str[]为字符串
        display_lcd(0,x_y);                    //写字符串
          for(temp = 0 ; temp<size;temp++)
          {
              display_lcd(1,str[temp]);
          }
}
```

```
void lcd_init()
{
    display_lcd(0,0x30);                    //每次传送 8 位数据
    display_lcd(0,0x0c);                    //全屏显示
    display_lcd(0,0x01);                    //清屏
    display_lcd(0,0x02);                    //地址归位回到左上角
    printstr(0x81,10,biaoti);
    display_lcd(0,0x8c);
    display_lcd(1,'H');
    display_lcd(1,'z');
}
#endif
```

实验二 电子密码锁设计

1. 任务与要求

（1）使用 LCD 显示屏显示相关信息。

（2）用户可以设定密码，密码长度为 6 位。

（3）为保证密码的更改方便与永久保存，应使密码锁的数据在断电情况下仍能不丢失。

（4）在进入系统后可以任意修改密码。

（5）用户输入密码时，每输入一个数字，LCD 就显示一个字符"—"，当输入的密码位数超过 6 位或者输入的密码有误时，显示 INPUT ERROR，在输入密码时，若是需要，可以删除当前的字符。

（6）连续输入 3 次错误密码时，系统蜂鸣器报警。

2. 设计方案

（1）设计思路

本设计以 AT89C51 为核心，以矩阵键盘、蜂鸣器、液晶显示及存储芯片 24C02 为外围电路，矩阵键盘 16 个按键代表密码的 0~9 及其他定义，在按键输入密码后，单片机根据输入的密码与存储器中的原始密码比较，在一致的条件下，密码锁开启，进入系统，在系统中，可以修改密码，并保存。若是输入的密码与存储器中的不一致时，重新输入密码，在连续三次输入错误的情况下，蜂鸣器报警。

（2）硬件电路图

系统硬件电路图如图 2-2-1 所示。

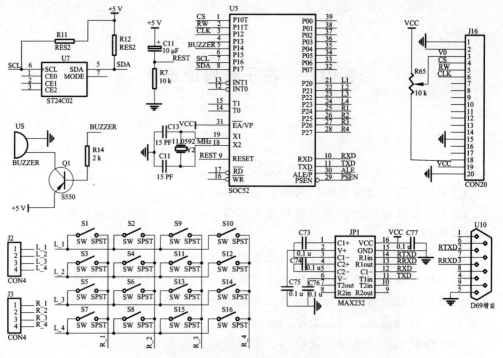

图 2-2-1　系统硬件电路图

（3）程序流程图

程序流程图如图 2-2-2 所示。

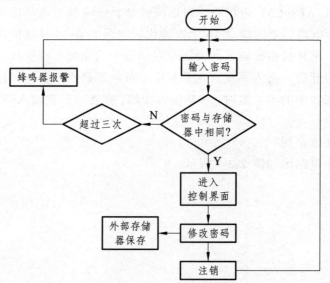

图 2-2-2　密码锁程序流程图

46

3. 参考程序

程序说明：

（1）将液晶显示 B1 区的 SW11 全部拨到 ON，同时 CS1 接到 GND。

（2）将 A9 区的矩阵键盘 J9 接到 P2 口。

（3）将 A4 区的 J14 中，SCL 用杜邦线接到 P16，SDA 用杜邦线接到 P17，同时码盘 SW7 要拨到 OFF。

主程序

```
#include"reg51.h"
#include"yejing.h"
#include"key.h"
#include"24c02.h"
#define uchar unsigned char
#define uint unsigned int
uchar s[6],no = 0;
void main()
{
    for(no=0;no<6;no++)
        s[no]=read_random(no)+0x30;
    lcd_init();
    printstr(0x90,6,s);
    while(1)
    {
        P2=0xbf;
        if(P2==0xbe)
        {
            init24c02();
            while(P2==0xbe);
        }
        keyprocess();
    }
}
```

液晶子程序

```
#ifndef __yejing_H__
#define __yejing_H__
```

```c
#include"reg51.h"
#define uint unsigned int
#define uchar unsigned char
sbit cs=P1^0;                            //液晶定义
sbit rw=P1^1;
sbit clk=P1^2;
sbit buzzer = P1^4;
void delay_ms(unsigned short int z)
{
    unsigned short int x,y;
    for(x=0;x<z;x++)
        for(y=0;y<220;y++);
}
void display(uchar com,uchar ddata)      //写指令，写数据
{
    int i,j;
    uchar data1;
    delay_ms(2);
    cs=1;
    clk=0;
    data1=ddata;
    rw=1;
    for(i=0;i<5;i++)
    {
        clk=1;clk=0;
    }
    rw=0;
    clk=1;clk=0;
    if(com==1)
        rw=1;
    else
        rw=0;                            //1 为指令，0 为数据
    clk=1;clk=0;
    rw=0;
    clk=1;clk=0;
    for(i=0;i<2;i++)
```

48

```c
    {
        for(j=0;j<4;j++)
        {
            if(data1&0x80)
                rw=1;
            else
                rw=0;
            data1=data1<<1;
            clk=1;clk=0;
        }
        rw=0;
        for(j=0;j<4;j++)
        {
            clk=1;
            clk=0;
        }
    }
}
void printstr(unsigned char x_y,unsigned char size,char *str)//xie zifu chuan
{
    unsigned char temp;         //x 为字符首地址，size 为长度,str[]为字符串
    display(0,x_y);             //写字符串
    for(temp = 0 ; temp<size;temp++)
    {
        display(1,str[temp]);
    }
}
void lcd_init()
{
    //psb=0;                    //串行 0，并行 1
    display(0,0x30);            //每次传送 8 位数据
    display(0,0x0c);            //全屏显示
    display(0,0x01);            //清屏
    display(0,0x02);            //地址归位回到左上角
}
#endif
```

按键子程序

```c
#ifndef _KEY_H__
#define _KEY_H__
#include<reg51.h>
#include"yejing.h"
#include"24c02.h"
#define uint unsigned int
#define uchar unsigned char
unsigned char val;
unsigned char flag=0,flag2;
unsigned char str2[6];
unsigned char str3[1];
unsigned char s[6];
unsigned char num;
uint ci = 0;
/*  0    1    2    3        //键盘定位
    4    5    6    7
    8    9    10   11
    12   13   14   15
*/
void xianshi1()             //上电显示界面
{
    printstr(0x81,10,"电子密码锁");
    printstr(0x98,4,"登陆");
    num = 0;
}
void xianshi2()             //输入密码界面
{
    printstr(0x80,8,"输入密码");
    if(num>=0 && num<6)
    {
        if(val<10)
        {
            str2[num]= val +0x30;
            num++;
        }
```

50

```
        else if(val==13)
        {
            if(flag2==1)
            {
                str2[num]=0x20;
                flag2=0;
            }
            else
            {   str2[num-1]=0x20;
                num--;
            }
        }
        if(num==6)              //最后一位输入的处理
        {
            num = 5;
            flag2=1;
        }
    }
    P2=0xf0;
    printstr(0x8a,6,str2);
    printstr(0x98,4,"确认");
    printstr(0x9f,1,"C");
    if(num==255)              //返回首页
    {
        flag=0;
        display(0,0x01);
        delay_ms(20);
    }
}
void xianshi3()              //密码正确显示登录成功
{
    printstr(0x93,8,"登录成功");
    P2=0xbf;
    num=0;
}
void xianshi4()              //密码输入错误显示登录失败
```

```c
{
        printstr(0x82,8,"登录失败");
        printstr(0x8a,8,"返回首页");
        P2=0xbf;

        num=0;
}
void xianshi5()                         //登录成功后的界面
{
        num=0;
        printstr(0x81,10,"密码锁系统");
        printstr(0x98,4,"菜单");
}


void xianshi6()                         //菜单中的显示
{
        unsigned char str6[1];
        display(0,0x01);
        delay_ms(5);
        if(num==0)                      //修改密码选项
        {
                str6[0]=0x10;
                printstr(0x91,1,str6);
        }
        else if(num==1)                 //注销选项
        {
                str6[0]=0x10;
                printstr(0x89,1,str6);
        }
        printstr(0x92,8,"修改密码");
        printstr(0x8a,4,"注销");
        str6[0]=0x12;
        printstr(0x98,1,str6);
        str6[0]=0x02;
        printstr(0x9f,1,str6);
}
```

```c
void xianshi7()                    //输入修改的密码界面
{
    printstr(0x80,12,"输入修改密码");
    if(num>=0 && num<6)
    {
        if(val<10)
        {
            str2[num]= val +0x30;
            num++;
        }
        else if(val==13)
        {
            if(flag2==1)
            {   str2[num]=0x20;
                flag=6;
                flag2=0;
            }
            else
            {
                str2[num-1]=0x20;
                num--;
            }
        }
        if(num==6)                //输入密码最后一位的处理
        {
            num=5;
            flag2=1;
            flag=9;
        }
    }
    P2=0xf0;
    printstr(0x8a,6,str2);
    str3[0]=0x12;
    printstr(0x98,1,str3);
    str3[0]=0x02;
    printstr(0x9f,1,str3);
```

```
        if(num==255)                    //返回首页
        {
            flag=5;
            val=14;
        }
}
unsigned char keyscan()             //判断当前值是多少
{
        unsigned char hang=0;           //垂直扫描值
        unsigned char lie=0;            //水平扫描值
        unsigned char kv=16;
        P2=0xf0;
        if((P2&0xf0)!=0xf0)
            delay_ms(20);
        if((P2&0xf0)!=0xf0)             //P0~7~P0~4
         {
            switch(P2 & 0xf0)
            {
                case 0x70:lie=1;break;
                case 0xb0:lie=2;break;
            case 0xd0:lie=3;break;
            case 0xe0:lie=4;break;
            default:break;
            }
            delay_ms(1);
            P2=0x0f;
        if((P2&0x0f)!=0x0f)             //P0~3~P0~0
        {
            switch(P2 & 0x0f)
            {
                case 0x07:hang=0;break;
            case 0x0b:hang=1;break;
            case 0x0d:hang=2;break;
            case 0x0e:hang=3;break;
                default:break;
            }
```

```c
        while((P2&0x0f)!=0x0f);
    kv=4*hang+lie-1;                        //当前按键的数值
    }
    }
    else
     kv=16;
     return kv;
}

void keyprocess()
{
    unsigned char count=0;
    val=keyscan();
    P2&=0xbf;
    if(flag<4)
    {
        if(flag==0)
            xianshi1();                     //登录界面
        if(val==12 && flag!=1)              //登录
        {
            display(0,0x01);               //清屏
            delay_ms(20);
            for(count=0;count<6;count++)
                str2[count]=0x20;           //密码为置空格
            count=0;
            xianshi2();                     //输入密码界面
            flag=1;
            val=16;
        }
        if(flag==1 &&   (val <10|| val ==13)) //输入密码及密码清除
        {
            xianshi2();
        }

        if(flag==1 && val ==12 )            //确认密码
        {
```

```c
        if(str2[0]==s[0]  &&  str2[1]==s[1]  &&  str2[2]==s[2]  &&
str2[3]==s[3] && str2[4]==s[4]&& str2[5]==s[5])
            flag=2;
        else
            flag=3;
    }
    if(flag ==2 && val ==12 )              //登录成功
    {
        display(0,0x01);
        xianshi3();
        delay_ms(2000);                    //登录成功显示 2 s
        flag=4;
        val=16;
        display(0,0x01);
        delay_ms(20);
    }
    else if(flag==3 && val ==12 )    //登录失败
    {
        display(0,0x01);
        xianshi4();
        flag=0;
        ci++;
        if(ci >= 3)
        {
            ci = 0;
            buzzer = 0;
            delay_ms(5000);
            buzzer = 1;
        }
        display(0,0x01);
        delay_ms(20);
    }
}
else
{
    if((flag==4 || flag==11 || flag==12)&& val!=12) // 进入系统界面
```

```
            {
                xianshi5();
                flag=4;
            }

    if(flag==4 && val==12)          //进入菜单
    {
        xianshi6();
        flag=5;
        num=0;
        val=16;
    }
    if(flag==5 && val==14)          //选择菜单选项
    {
        num++;
        if(num>1)
            num=0;
        xianshi6();
        val=16;
    }
    if(((flag>=5 && flag<=8) || flag==10) && val==13)
                                    //返回上一层
    {
        display(0,0x01);
        delay_ms(20);
        flag=4;
    }
    if( flag==5 && val==12 )        //确定选项
    {
        if(num==0)                  //子菜单中的修改密码
        {
            flag=6;
            display(0,0x01);
            delay_ms(20);
            for(num=0;num<6;num++)
                str2[num]=0x20;
```

```
                xianshi7();
        }
        else if(num==1)                    //子菜单中的注销
        {
                for(count=0;count<6;count++)
                        s[count]=read_random(count)+0x30;
                flag=0;
                count=0;
                display(0,0x01);
                delay_ms(20);
        }
        num=0;
}
if((flag==6 || flag==9) && (val<10 || val==13))
                                        //输入修改密码值
{
        display(0,0x01);
        delay_ms(20);
        xianshi7();
}
if(flag==9 && val==12)              //修改成功
{
        for(count=0;count<6;count++)
        {
                str2[count]-=0x30;
                write_byte(count,str2[count]);
        }
        count=0;
        display(0,0x01);
        delay_ms(20);
        printstr(0x91,12,"密码修改成功");
        delay_ms(1000);
        flag=4;
        display(0,0x01);
        delay_ms(20);
}
```

58

```
        }
}
#endif
```

24c02 存储程序

```c
#ifndef __24c02_H__
#define __24c02_H__
#include "reg51.h"
#include"yejing.h"
#define OP_READ 0xa1              // 器件地址以及读取操作
#define OP_WRITE 0xa0             // 器件地址以及写入操作
sbit SDA =P1^7    ;
sbit SCL =P1^6;
void delayms(unsigned char ms)
                                 //延时子程序
{
    unsigned char i;
    while(--ms>0)
    {
        for(i = 0; i < 120; i++);
    }
}
void start()
                                 //开始位
{
    SDA = 1;
    SCL = 1;
    delayms(4); //2
    SDA = 0;
    delayms(8);//4
    SCL = 0;
}
void stop()
                                 //停止位
{
    SDA = 0;
```

```
        delayms(4);//2
        SCL = 1;
        delayms(8);
        SDA = 1;
    }
    unsigned char shin()
                                            //从 AT24Cxx 移入数据到 MCU
    {
        unsigned char i,read_data;
        for(i = 0; i < 8; i++)
        {
            SCL = 1;
            read_data <<= 1;
            read_data |= (unsigned char)SDA;
            SCL = 0;
        }
        return(read_data);
    }
    bit shout(unsigned char write_data)
                                            //从 MCU 移出数据到 AT24Cxx
    {
        unsigned char i;
        bit ack_bit;
        for(i = 0; i < 8; i++)              //循环移入 8 个位
        {
            SDA = (bit)(write_data & 0x80);
            delayms(2);//2
            SCL = 1;
            delayms(4);//2
            SCL = 0;
            write_data <<= 1;
        }
        SDA = 1;                            //读取应答
        delayms(4);
        SCL = 1;
        delayms(8);
```

60

```
        ack_bit = SDA;
        SCL = 0;
        return ack_bit;                           //返回 AT24Cxx 应答位
}
void write_byte(unsigned char addr, unsigned char write_data)
// 在指定地址 addr 处写入数据 write_data
{
        SDA = 1;
        SCL = 1;
        start();
        shout(OP_WRITE);
        shout(addr);
        shout(write_data);
        stop();
        delayms(10);                              //写入周期
}
unsigned char read_current()
                                                  //在当前地址读取
{
        unsigned char read_data;
        start();
        shout(OP_READ);
        read_data = shin();
        stop();
        return read_data;
}
unsigned char read_random(unsigned char random_addr)
                                                  //在指定地址读取
{       SDA = 1;
        SCL = 1;
        start();
        shout(OP_WRITE);
        shout(random_addr);
        return(read_current());
}
void init24c02()
```

```
{
    unsigned char i=0,str[6];
    for(i=0;i<6;i++)
    {
        str[i]=i;
        write_byte(i,str[i]);
    }
}
#endif
```

实验三　数字电压表设计

1. 任务与要求

（1）基本要求。

① 实现 8 路直流电压检测。

② 测量电压范围 0～5 V。

③ 显示指定电压通道和电压值。

④ 用按键切换显示通道。

（2）发挥要求。

① 测量电压范围为 0～25 V。

② 循环显示 8 路电压。

2. 总体方案

（1）测量一个 0～5 V 的直流电压，通过输入电路把信号送给 AD0809，转换为数字信号再送至 89C51 单片机，通过其 P2 口经数码管显示出测量值。

（2）8 路数字电压表主要利用 A/D 转换器，其过程为如下：先用 A/D 转换器对各路电压值进行采样，得到相应的数字量，再按数字量与模拟量成比例关系运算得到相应的模拟电压值，然后把模拟值通过数码管显示出来。设计时假设待测的输入电压为 8 路，电压值的范围为 0～5 V，要求能在 4 位 LED 数码管上轮流显示或单路显示。测量的最小分辨率为 0.019 V。根据系统的功能要求，控制系统采用 AT89s51 单片机，A/D 转换器。当输入电压为 5 V 时，输出的数据值为 255（0FFH），因此最大分辨率为 0.019 6 V（5/255）。ADC0809 具有 8 路模拟量输入端口，通过 3 位地址输入端能从 8 路中选择一路进行转换。如每隔一段时间依次轮流改变 3 位地址输入端的地址，就能依次对 8 路输入电压进行测量。LED 数码管显示采用软件译码动态显示。通过按键选择可 8 路循环显示，也可以单路循环。单路显示可通过按键选择所要显示的通道数。

（3）操作说明：按键 K3 按下奇数次为手动模式，按下偶数次为自动 8 路循环模式。

手动模式：手动模式下，按一次 K4 通道数加 1，累加到通道 7，清零，重新显示通道 0。

自动模式：按两次 K3，则为自动 8 路循环显示采集电压。

3. 参考程序

程序说明：

（1）按键接线：将 B9 区的按键 K3 与 K4 分别用杜邦线接 P34 和 P32。

（2）数码管接线：将 B8 区的 SW3 全部拨到 ON，同时用杜邦线将 P2 口与 B7 区的 J100 连接（SW10 全部拨到 OFF）。

（3）将 D3 区的 SW5 中的 P33、P36、P37 拨到 ON，用杜邦线将 CS 接到 P17；用杜邦线把 J27 中的 A、B、C 分别接 P14、P15、P16。

（4）数码管第一位显示的是当前的通道数。

```
#include "reg52.h"
#define uint unsigned int
#define uchar unsigned char
#define THCO    0xee
#define TLCO    0x0
uchar   code   Duan[]={0x3F,0x06,0x5B,0x4F,0x66,0x6D,0x7D,0x07,0x7F,0x6F};
                            //共阴极数码管，0～9 段码表
uchar code Duan1[] = {0xBF,0x86,0xDB,0xCF,0xE6,0xED,0xFD,0x87,
0xFF,0xEF};                  //带小数
uchar Data_Buffer[4]={0,1,2,3};      //四个数码管显示数值，数组变量定义
sbit key = P3^2;
sbit key_choice = P3^4;
sbit P10=P1^0;                        //四个数码管的位码口定义
sbit P11=P1^1;                        //四个数码管的位码口定义
sbit P12=P1^2;                        //四个数码管的位码口定义
```

```
sbit P13=P1^3;                      //四个数码管的位码口定义
sbit ADDA=P1^4;                     //通道地址的定义
sbit ADDB=P1^5;                     //通道地址的定义
sbit ADDC=P1^6;                     //通道地址的定义
sbit CS=P1^7;                       //ADC0809I/O 口定义
sbit RS=P3^7;
sbit ADWR=P3^6;
sbit EOC=P3^3;
uchar count = 0,choice_count = 0;
unsigned int AD_data;               //采集的 AD 数据
void delay_ms(unsigned int x)
{
    unsigned char y;
    for(x;x>0;x--)
        for(y=110;y>0;y--);
}
void init()
{
    TMOD=0x11;                      //定时器 0 初始化
    TH0=THCO;
    TL0=TLCO;
    TR0=1;
    ET0=1;
    EA=1;
}
void key_switch()
{
    if(key_choice == 0)
    {
        delay_ms(200);
        if(key_choice == 0)
        {
            choice_count++;
            if(choice_count > 2)choice_count = 1;
        }
    }
```

```
}
void tongdao()
{
    if(key == 0 && choice_count == 1)
    {
        delay_ms(300);
        if(key == 0 && choice_count == 1)
        {
            count++;
            if(count > 8)count = 1;
            if(count == 1){ADDC = 0;ADDB = 0;ADDA = 0;}
            if(count == 2){ADDC = 0;ADDB = 0;ADDA = 1;}
            if(count == 3){ADDC = 0;ADDB = 1;ADDA = 0;}
            if(count == 4){ADDC = 0;ADDB = 1;ADDA = 1;}
            if(count == 5){ADDC = 1;ADDB = 0;ADDA = 0;}
            if(count == 6){ADDC = 1;ADDB = 0;ADDA = 1;}
            if(count == 7){ADDC = 1;ADDB = 1;ADDA = 0;}
            if(count == 8){ADDC = 1;ADDB = 1;ADDA = 1;}

        }
    }
    if(choice_count == 2)
    {
        delay_ms(200);
        if(choice_count == 2)
        {
            count++;
            if(count > 8)count = 1;
            if(count == 1){ADDC = 0;ADDB = 0;ADDA = 0;}
            if(count == 2){ADDC = 0;ADDB = 0;ADDA = 1;}
            if(count == 3){ADDC = 0;ADDB = 1;ADDA = 0;}
            if(count == 4){ADDC = 0;ADDB = 1;ADDA = 1;}
            if(count == 5){ADDC = 1;ADDB = 0;ADDA = 0;}
            if(count == 6){ADDC = 1;ADDB = 0;ADDA = 1;}
            if(count == 7){ADDC = 1;ADDB = 1;ADDA = 0;}
            if(count == 8){ADDC = 1;ADDB = 1;ADDA = 1;}
```

```c
                delay_ms(1000);
            }
        }
    }
    void AD_caiji()
    {
        ADWR=1;
        CS=0;
        delay_ms(1);
        ADWR=0;
        delay_ms(1);
        ADWR=1;
        while(!EOC);
        RS=0;
        AD_data=P0;
        RS=1;
        delay_ms(200);
    }
    void display()
    {
        unsigned int temp;
        temp=AD_data;
        Data_Buffer[0]=count;
        Data_Buffer[1]=(temp*49/25)/100;
        Data_Buffer[2]=(temp*49/25)%100/10;
        Data_Buffer[3]=(temp*49/25)%10;
    }
    void main()
    {
        init();
        while(1)
        {
            key_switch();
            tongdao();
            AD_caiji();
            display();
```

```
    }
}

void timer0() interrupt 1
{
    static unsigned char Bit=0;          //静态变量，退出程序后，值保留
    TH0=THCO;
    TL0=TLCO;
    Bit++;
    if(Bit>=4)Bit=0;
    P1|=0x0f;                            //先关位码
    P2=Duan[Data_Buffer[Bit]];           //开段码
    switch(Bit)                          //送位码
    {
        case 0: P10=0;break;
        case 1: P11=0;P2=Duan1[Data_Buffer[Bit]];break;
        case 2: P12=0;break;
        case 3: P13=0;break;
    }
}
```

实验四　电子万年历设计

1. 任务与要求

（1）显示年月日时分秒及星期信息。

（2）具有可调整日期和时间功能。

2. 总体方案

电子万年历的总体设计框图如图 2-4-1 所示。

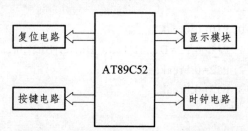

图 2-4-1　电子万年历总体设计框图

3. 设计程序

程序说明：

（1）将 B1 区的液晶码盘 SW11 全部拨到 ON，同时将 CS1 接到 GND。

（2）将 A6 区的 SW8 全部拨到 ON。

（3）将 B9 区的 SW4 全部拨到 ON。

（4）将 E9 区的 SW11 拨到 ON，即与 P14 连接。

```
#include <reg51.h>
#include <intrins.h>
#define uchar unsigned char
#define uint   unsigned int
uchar count_10ms;          //定义 10 ms 计数器
sbit  K1 = P2^0;           //定义 K1 键
sbit  K2 = P2^1;           //定义 K2 键
```

```
sbit  K3 = P2^2;                        //定义 K3 键
sbit  K4 = P3^2;                        //定义 K4 键
sbit   BEEP=P1^4;                       //定义蜂鸣器
sbit reset = P1^7;
sbit sclk   = P1^5;
sbit io     = P1^6;
sbit cs=P1^0;                           //液晶定义
sbit rw=P1^1;
sbit clk=P1^2;
bit K1_FLAG=0;                          //定义按键标志位，当按下 K1 键时，
                                        //该位为 1；K1 键未按下时，该位为 0。
uchar disp_buf[8] ={0x00,0x00,0x3a,0x00,0x00,0x3a,0x00,0x00};
                                        //定义显示缓冲区
uchar time_buf[7] ={0,0,0x12,0,0,0,0};  //DS1302 时间缓冲区，存放秒、分、
                                        //时、日、月、星期、年
void Delay_ms(uint xms)      ;
void   write_byte(uchar inbyte);        //写一字节数据函数声明
uchar   read_byte();                    //读一字节数据函数声明
void   write_ds1302(uchar cmd,uchar indata);   //写 DS1302 函数声明
uchar   read_ds1302(uchar addr);        //读 DS1302 函数声明
void   set_ds1302(uchar addr,uchar *p,uchar n); //设置 DS1302 初始时间函数声明
void   get_ds1302(uchar addr,uchar *p,uchar n); //读当前时间函数声明
void   init_ds1302();                   //DS1302 初始化函数声明

void Delay_ms(uint xms)
{
    uint i,j;
    for(i=xms;i>0;i--)                  //i=xms 即延时约 x 毫秒
        for(j=110;j>0;j--);
}
void display(uchar com,uchar ddata)     //写指令，写数据
{
    int i,j;
    uchar data1;
    Delay_ms(2);
    cs=1;
```

```
        clk=0;
        data1=ddata;
        rw=1;
        for(i=0;i<5;i++)
        {
            clk=1;clk=0;
        }
        rw=0;
        clk=1;clk=0;
        if(com==1)
            rw=1;
        else
            rw=0;     //1 为指令，0 为数据
        clk=1;clk=0;
        rw=0;
        clk=1;clk=0;
        for(i=0;i<2;i++)
        {
            for(j=0;j<4;j++)
            {
                if(data1&0x80)
                    rw=1;
                else
                    rw=0;
                data1=data1<<1;
                clk=1;clk=0;
            }
            rw=0;
            for(j=0;j<4;j++)
            {
                clk=1;
                clk=0;
            }
        }
}
void printstr(unsigned char x_y,unsigned char size,char *str)//xie zifu chuan
```

70

```c
{
    unsigned char temp;          //x 为字符首地址，size 为长度,str[]为字符串
    display(0,x_y);              //写字符串
    for(temp = 0 ; temp<size;temp++)
    {
        display(1,str[temp]);
    }
}
void lcd_init()
{
    //psb=0;   //串行 0，并行 1
    display(0,0x30);             //每次传送 8 位数据
    display(0,0x0c);             //全屏显示
    display(0,0x01);             //清屏
    display(0,0x02);             //地址归位回到左上角


}
void write_byte(uchar inbyte)
{
    uchar i;
    for(i=0;i<8;i++)
    {
    sclk=0;                      //写时低电平改变数据
    if(inbyte&0x01)
    io=1;
    else
    io=0;
    sclk=1;                      //高电平把数据写入 DS1302
    _nop_();
    inbyte=inbyte>>1;
    }
}
uchar read_byte()
{
    uchar i,temp=0;
    io=1;
```

```
    for(i=0;i<7;i++)
    {
     sclk=0;
     if(io==1)
     temp=temp|0x80;
     else
     temp=temp&0x7f;
     sclk=1;                          //产生下跳沿
     temp=temp>>1;
    }
    return (temp);
}
/********写 DS1302 函数，往 DS1302 的某个地址写入数据 ********/
void write_ds1302(uchar cmd,uchar indata)
{
    sclk=0;
    reset=1;
    write_byte(cmd);
    write_byte(indata);
    sclk=0;
    reset=0;
}
/********读 DS1302 函数,读 DS1302 某地址的数据********/
uchar read_ds1302(uchar addr)
{
    uchar backdata;
    sclk=0;
    reset=1;
    write_byte(addr);                //先写地址
    backdata=read_byte();            //然后读数据
    sclk=0;
    reset=0;
    return (backdata);
}
void init_ds1302()
{
```

```
        reset=0;
        sclk=0;
        write_ds1302(0x80,0x00);          //写秒寄存器
        write_ds1302(0x90,0xab);          //写充电器
        write_ds1302(0x8e,0x80);          //写保护控制字，禁止写
}
```

/*********以下是蜂鸣器响一声函数*********/

```
void   beep()
{
        BEEP=0;                           //蜂鸣器响
        Delay_ms(100);
        BEEP=1;                           //关闭蜂鸣器
        Delay_ms(100);
}
```

/*********以下是转换函数,负责将走时数据转换为适合 LCD 显示的数据
*********/

```
void   LCD_conv (uchar   in1,in2,in3 )
```
//形参 in1、in2、in3 接收实参 time_buf[2]、time_buf[1]、time_buf[0]传来的小
时、分钟、秒数据

```
{
        disp_buf[0]=in1/10+0x30;          //小时十位数据
        disp_buf[1]=in1%10+0x30;          //小时个位数据
        disp_buf[3]=in2/10+0x30;          //分钟十位数据
        disp_buf[4]=in2%10+0x30;          //分钟个位数据
        disp_buf[6]=in3/10+0x30;          //秒十位数据
        disp_buf[7]=in3%10+0x30;          //秒个位数据
}
```

/*********以下是 LCD 显示函数，负责将函数 LCD_conv 转换后的数据显示在
LCD 上*********/

```
void   LCD_disp ()
{
        printstr(0x90,8,disp_buf);
}
```

/*********以下是按键处理函数*********/

```
void KeyProcess()
{
```

```
uchar min16,hour16;                              //定义 16 进制的分钟和小时变量
write_ds1302(0x8e,0x00);                         //DS1302 写保护控制字，允许写
write_ds1302(0x80,0x80);                         //时钟停止运行
if(K2==0)                                        //K2 键用来对小时进行加 1 调整
{
    Delay_ms(10);                                //延时去抖
    if(K2==0)
    {
        while(!K2);                              //等待 K2 键释放
        beep();
        time_buf[2]=time_buf[2]+1;               //小时加 1
        if(time_buf[2]==24) time_buf[2]=0;       //当变成 24 时初始化为 0
hour16=time_buf[2]/10*16+time_buf[2]%10;         //将所得的小时数据转变成
                                                 //16 进制数据
        write_ds1302(0x84,hour16);               //将调整后的小时数据写入
                                                 //DS1302
    }
}
if(K3==0)                                        // K3 键用来对分钟进行加 1 调整
{
    Delay_ms(10);                                //延时去抖
if(K3==0)
    {
        while(!K3);                              //等待 K3 键释放
        beep();
        time_buf[1]=time_buf[1]+1;               //分钟加 1
        if(time_buf[1]==60) time_buf[1]=0;       //当分钟加到 60 时初始化
                                                 //为 0
min16=time_buf[1]/10*16+time_buf[1]%10;          //将所得的分钟数据转变成
                                                 //16 进制数据
        write_ds1302(0x82,min16);                //将调整后的分钟数据写入
                                                 //DS1302
    }
}
if(K4==0)                                        //K4 键是确认键
{
```

74

```
        Delay_ms(10);                    //延时去抖
        if(K4==0)
        {
            while(!K4);                   //等待 K4 键释放
            beep();
            write_ds1302(0x80,0x00);      //调整完毕后，启动时钟运行
            write_ds1302(0x8e,0x80);      //写保护控制字，禁止写
            K1_FLAG=0;                    //将 K1 键按下标志位清 0
        }
    }
}


/********以下是读取时间函数,负责读取当前的时间,并将读取到的时间转换
为 10 进制数********/
void get_time()
{
    uchar sec,min,hour;                  //定义秒、分和小时变量
    write_ds1302(0x8e,0x00);             //控制命令,WP=0,允许写操作
    write_ds1302(0x90,0xab);             //涓流充电控制
    sec=read_ds1302(0x81);               //读取秒
    min=read_ds1302(0x83);               //读取分
    hour=read_ds1302(0x85);              //读取时
    time_buf[0]=sec/16*10+sec%16;    //将读取到的 16 进制数转化为 10 进制
    time_buf[1]=min/16*10+min%16;    //将读取到的 16 进制数转化为 10 进制
    time_buf[2]=hour/16*10+hour%16;  //将读取到的 16 进制数转化为 10 进制
}


/********以下是主函数********/
void main(void)
{
    P1 = 0xff;
    P2 = 0xff;
    lcd_init();                          //LCD 初始化函数
    display(0,0x01);                     //清屏函数
    printstr(0x80,10,"电子万年历");
    init_ds1302();                       //DS1302 初始化
```

```
while(1)
{
    get_time();                      //读取当前时间
    if(K1==0)                        //若 K1 键按下
    {
        Delay_ms(10);                //延时 10 ms 去抖
        if(K1==0)
        {
            while(!K1);              //等待 K1 键释放
            beep();                  //蜂鸣器响一声
            K1_FLAG=1;               //K1 键标志位置 1，以便进行时钟调整
        }
    }
    if(K1_FLAG==1)KeyProcess();   //若 K1_FLAG 为 1，则进行走时调整
    LCD_conv(time_buf[2],time_buf[1],time_buf[0]);     //将 DS1302 的小
时/分/秒传送到转换函数
    LCD_disp();                          //调 LCD 显示函数，显示时、分和秒
}
}
```

第三篇　51 单片机项目实践

课题一　数字秒表设计与制作

1. 设计目的

掌握液晶或者 LED 显示，定时/计数器综合应用程序的设计与分析方法。

2. 设计要求

（1）共四位 LED 显示，显示时间为 00:00 ~ 59.99。
（2）共五个按键，分别是开始/暂停，记录，上翻，下翻，清零键。
（3）能同时记录多个相对独立的时间并分别显示。
（4）翻页按钮查看多个不同的计时值。

3. 设计程序

程序说明：

数字秒表可以同时计 8 个不同的时间，在计时时可以通过上翻和下翻查看之前的时间，超过 8 个计时后，不能上翻和下翻。

接线说明：

（1）将 B7 中的 SW10 全部拨到 ON，B8 区中的 SW3 全部拨到 ON。
（2）将 B9 区中的 SW4 全部拨到 ON。

```
#include <reg52.h>
code unsigned char tab[]={0x3f,0x06,0x5b,0x4f,0x66,0x6d,0x7d,
                0x07,0x7f,0x6f}; //共阴数码管 0~9
code unsigned char tab1[]={0xBF,0x86,0xDB,0xCF,0xE6,0xED,
                0xFD,0x87,0xFF,0xEF};//共阴数码管 0~9 带小数点
sbit key1 = P2^0;            //开始、暂停
```

```
sbit key2 = P2^1;                //记数
sbit key3 = P2^2;                //上翻
sbit key4 = P3^2;                //下翻
//sbit key5 = P1^4;              //清零
sbit P10 = P1^0;
sbit P11 = P1^1;
sbit P12 = P1^2;
sbit P13 = P1^3;
static unsigned char ms,sec;
static unsigned char Sec[8],Ms[8];
static int i = 0,j = 0;
void delay(unsigned int cnt)    //延时程序
{
 while(--cnt);
}
void main()
{
    unsigned char key3_flag=0,key4_flag=0;
    TMOD |=0x01;       //定时器 0 10ms in 12M crystal 用于计时
    TH0=0xd8;
    TL0=0xf0;
    ET0=1;
    TR0=0;

    TMOD |=0x10;       //定时器 1 用于动态扫描
    TH1=0xF8;
    TL1=0xf0;
    ET1=1;
    TR1=1;
    EA =1;
    sec=0; //初始化
    ms=0;
  while(1)
   {    //开始，暂停
      if(key1 == 0)    //判断是否按下
      {
```

78

```
        delay(1000);          //去抖
        if(key1 == 0)
        while(!key1);          //等待按键释放
        TR0=!TR0;
    }
      //记 录
if(key2 == 0)                  //判断是否按下
{
        delay(1000);          //去抖
        if(key2 == 0)
        {
                while(!key2);  //等待按键释放
                if(i==8)       //8 组数据记录完毕
                {
                    TR0=0;
                    break;
                }
                Sec[i]=  sec;  //将数据存入数组
                Ms[i]= ms;
                i++;
        }
}
      //上 翻
if(key3 == 0)
{
    delay(1000);
    if(key3 == 0)
    {
        while(!key3);
        TR0=0;
        key3_flag = 1;         //按键 3 标志
        if(j == 8)
                j = 0;
        else if(key4_flag == 1)
                j+=2;
        key4_flag=0;
```

```
                    sec=Sec[j];
                    ms=Ms[j];        //显示数组里的内容
                    j++;
                }
            }
            //下翻
        if(key4 == 0)
        {
         delay(1000);
         if(key4 == 0)
          {
                while(!key4);
                TR0=0;
                key4_flag=1;              //按键 4 标志
                if(j<0)
                     j = 7;
                else if(key3_flag == 1)
                     j-=2;
                key3_flag=0;
                sec=Sec[j];
                ms=Ms[j];                 //显示数组里的内容
                j--;
          }
        }
            //清零
//      if(!key5)
//      {
//       delay(50);
//       if(!key5)
//       while(!key5)
//       {;}
//       TR0=0;
//       ms=0;
//       sec=0;
//       for(i=0;i<8;i++)
//       {
```

```c
//              Sec[i]=0;Ms[i]=0;
//          }
//          i=0;
//      }
    }
}

void time1_isr(void) interrupt 3 using 0//定时器 1 用来动态扫描
{
    static unsigned char num;
    TH1=0xF8;//重入初值
    TL1=0xf0;
    P1 = 0xff;
    switch(num)
    {
        case 0:    P10=0;P0=tab[sec/10];break;//显示秒十位
        case 1:    P11=0;P0=tab1[sec%10];break; //显示秒个位
        case 2:    P12=0;P0=tab[ms/10];break;//显示十位
        case 3: P13=0;P0=tab[ms%10];break; //显示个位
        default:break;
    }
    num++;
    if(num==4)
    num=0;

}

void tim(void) interrupt 1 using 1
{

    TH0=0xd8;//重新赋值
    TL0=0xf0;
    ms++;//毫秒单元加 1
     if(ms==100)
     {
         ms=0;//等于 100 时归零
```

```
sec++;//秒加 1
if(sec==60)
{
    sec=0;//秒等于 60 时归零
}
}
}
```

课题二 数字温度计设计与制作

1. 设计目的

掌握液晶或者 LED 显示，DS18B20 温度传感器综合应用程序的实际与分析方法。

2. 设计要求

使用单片机实验开发板设计一个温度计，要求液晶 12864 能实时显示所测温度值

3. 电路原理图

DS18B20 传感器电路图如图 3-2-1 所示。

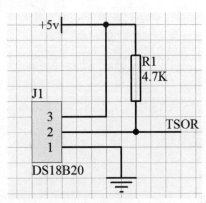

图 3-2-1　DS18B20 电路图

4. 设计程序

程序说明：

（1）将 E8 区的 SW2 码盘拨到 ON。

（2）将 B1 区的液晶码盘 SW11 全部拨到 ON，同时将 CS1 接到 GND。

#include<reg51.h>

```c
#include<intrins.h>
#define uchar unsigned char
#define uint unsigned int
sbit cs=P1^0;                          //液晶定义
sbit clk=P1^2;
sbit rw=P1^1;
sbit TSOR =P3^3;
uchar temp1=25;

/******************液晶显示********************/
void delay(unsigned short int z)
{
    unsigned short int x,y;
    for(x=0;x<z;x++)
        for(y=0;y<110;y++);
}
void display(uchar com,uchar ddata)   //写指令，写数据
{
    int i,j;
    uchar data1;
    delay(2);
    cs=1;
    clk=0;
    data1=ddata;
    rw=1;
    for(i=0;i<5;i++)
    {
        clk=1;clk=0;
    }
    rw=0;
    clk=1;clk=0;
    if(com==1)
        rw=1;
    else
        rw=0;                           //1 为指令，0 为数据
    clk=1;clk=0;
```

```c
        rw=0;
        clk=1;clk=0;
        for(i=0;i<2;i++)
        {
            for(j=0;j<4;j++)
            {
                if(data1&0x80)
                    rw=1;
                else
                    rw=0;
                data1=data1<<1;
                clk=1;clk=0;
            }
            rw=0;
            for(j=0;j<4;j++)
            {
                clk=1;
                clk=0;
            }
        }
    }
void printstr(unsigned char x_y,unsigned char size,char *str)//xie zifu chuan
{
        unsigned char temp;                 //x 为字符首地址，size 为长度,str[]为字
                                            //符串
        display(0,x_y);                     //写字符串
        for(temp = 0 ; temp<size;temp++)
        {
            display(1,str[temp]);
        }
    }
void lcd_init()
{
        //psb=0;                            //串行 0，并行 1
        display(0,0x30);                    //每次传送 8 位数据
        display(0,0x0c);                    //全屏显示
```

```c
    display(0,0x01);                    //清屏
    display(0,0x02);                    //地址归位回到左上角
}
void xianshi()
{
    uchar result0;
    uchar result2[2];
    result0=temp1;
    result2[0]=result0%100/10+0x30;
    result2[1]=result0%10+0x30;
    printstr(0x81,12,"重庆科技学院");
    printstr(0x88,9,"当前温度:");
    printstr(0x8D,2,result2);
    printstr(0x8e,3,"° C");
}
/*******************温度传感器*******************/
void Delay100ms()                       //延时 100 ms
{
    unsigned  char i,j,k;
    for(i=0;i<8;i++)
      for(j=0;j<25;j++)
        for(k=0;k<250;k++);
}
void Delay15()                          //延时 15 μs
{
    unsigned  char i;
    for(i=0;i<8;i++);
}
void Delay60()                          //延时 60 μs
{
    unsigned  char i;
    for(i=0;i<30;i++);
}
void Write0TS()                         //写 bit 0
{
    TSOR=1;
```

```
        TSOR=0;
        Delay15();
        Delay15();
        Delay15();
        Delay15();
        TSOR=1;
        _nop_();
        _nop_();
}
void Write1TS()                          //写 bit 1
{
        TSOR=1;
        TSOR=0;
        _nop_();
        _nop_();
        _nop_();
        _nop_();
        _nop_();
        _nop_();
        _nop_();
        TSOR=1;
        _nop_();
        _nop_();
        _nop_();
        _nop_();
        _nop_();
        _nop_();
        _nop_();
        Delay15();
        Delay15();
        Delay15();
}
bit ReadTS()
{
    bit b;
    TSOR=1;
```

```
        TSOR=0;
        _nop_();
        _nop_();
        _nop_();
        _nop_();
        TSOR=1;
        _nop_();
        _nop_();
        _nop_();
        _nop_();
        _nop_();
        b=TSOR;
        Delay15();
        Delay15();
        Delay15();
        _nop_();
        _nop_();
        return b;
}
void ResetTS()                          //复位
{       unsigned char i;
        TSOR=1;
        TSOR=0;
        for(i=0;i<8;i++)
          Delay60();
        TSOR=1;
        while(1)
        {
         if(TSOR!=1)
             break;
        }
        for(i=0;i<8;i++)
          Delay60();
}
void WriteByteTS(unsigned char byte)     //写一个字节（byte）
{unsigned char i;
```

```c
    for(i=0;i<8;i++)
    {
      if(byte&0x01)
        Write1TS();
      else
        Write0TS();
      byte=byte>>1;
    }
}
unsigned char ReadByteTS()                //读一个字节（byte）
{
      uchar i,j;
      bit b;
      j=0;
      for(i=0;i<8;i++)
      {
        b=ReadTS();
        if(b)
          j+=1;
        j=_cror_(j,1);
      }
      return j;
}
void InitTS()                             //初始化温度转换
{
      ResetTS();
      WriteByteTS(0xCC);
      WriteByteTS(0x4E);
      WriteByteTS(0x64);
      WriteByteTS(0x8A);
      WriteByteTS(0x1F);
}
void GetTempTS()                          //获取温度
{
      uchar temp2;
      ResetTS();
```

```
        WriteByteTS(0xCC);
        WriteByteTS(0x44);
        Delay100ms();
        ResetTS();
        WriteByteTS(0xCC);
        WriteByteTS(0xBE);
        temp2=ReadByteTS();
        temp1=ReadByteTS();
        ReadByteTS();
        ReadByteTS();
        ReadByteTS();
        ReadByteTS();
        ReadByteTS();
        ReadByteTS();
        ReadByteTS();
        temp1=temp1<<4;
        temp1+=(temp2&0xF0)>>4;
        temp2=(temp2&0x0F)?5:0;
}
void main()
{
    lcd_init();
    InitTS();
    while(1)
    {
        GetTempTS();
        xianshi();
    }
}
```

课题三　数字音乐盒的制作

1. 设计原理

基于单片机用蜂鸣器编写一段音乐，用定时器实现音乐频率的输出。

假设音乐频率为 X，晶振为 11.0592 MHz。

（1）先求出一个定时周期的时间。

① 求机器周期：$1/11.0592 \times 12 = 1.085$ μs（一个计时周期为 12 个晶振周期即 1.085 μs）

② 音乐频率周期 $1/X$　$1/(2X)$ 一个音频脉冲为二个周期。

（2）计算所需定时周期数：计时周期数=音乐频率周期/计时周期。

（3）得到定时器初值：定时器初值 = 65536 – 计时周期数。

（4）例子：如 440 Hz 标准音中，

音乐频率周期=$1/(2X)$=$1/(2 \times 440)$=1136.36 μs；

计时周期数=1136.36 μs/1.085=1047.34 个；

定时器初值=65536 – 1047.34~ = 64489　十六进制为(0xFBE9)。

2. 设计要求

要求显示两种不同的音乐，并用按键来选择播放的音乐。

3. 设计程序

程序说明：

实验用的是实验箱，将 E9 区的 SW1 拨到 ON，即蜂鸣器与 P14 接通，同时将 B9 区的 SW4 中 K1、K2 拨到 ON。

```
#include<reg52.h>
#define uchar unsigned char
#define uint unsigned int
uchar Count,flag = 0;
sbit key1 = P2^0;
sbit key2 = P2^1;
```

```c
sbit Speak =P1^4; //蜂鸣器控制脚
/*以下数组是音符编码*/
unsigned char code SONG[] ={ //祝你平安
0x26,0x20,0x20,0x20,0x20,0x20,0x26,0x10,0x20,0x10,0x20,0x80,0x26,0x20,0x30,0x
0x30,0x20,0x39,0x10,0x30,0x10,0x30,0x80,0x26,0x20,0x20,0x20,0x20,0x20,0x1c,0x
0x20,0x80,0x2b,0x20,0x26,0x20,0x20,0x20,0x2b,0x10,0x26,0x10,0x2b,0x80,0x26,0x
0x30,0x20,0x30,0x20,0x39,0x10,0x26,0x10,0x26,0x60,0x40,0x10,0x39,0x10,0x26,0x
0x30,0x20,0x30,0x20,0x39,0x10,0x26,0x10,0x26,0x80,0x26,0x20,0x2b,0x10,0x2b,0x
0x2b,0x20,0x30,0x10,0x39,0x10,0x26,0x10,0x2b,0x10,0x2b,0x20,0x2b,0x40,0x40,0x
0x20,0x10,0x20,0x10,0x2b,0x10,0x26,0x30,0x30,0x80,0x18,0x20,0x18,0x20,0x26,0x
0x20,0x20,0x20,0x40,0x26,0x20,0x2b,0x20,0x30,0x20,0x30,0x20,0x1c,0x20,0x20,0x
0x20,0x80,0x1c,0x20,0x1c,0x20,0x1c,0x20,0x30,0x20,0x30,0x60,0x39,0x10,0x30,0x
0x20,0x20,0x2b,0x10,0x26,0x10,0x2b,0x10,0x26,0x10,0x26,0x10,0x2b,0x10,0x2b,0x
0x18,0x20,0x18,0x20,0x26,0x20,0x20,0x20,0x20,0x60,0x26,0x10,0x2b,0x20,0x30,0x
0x30,0x20,0x1c,0x20,0x20,0x20,0x20,0x80,0x26,0x20,0x30,0x10,0x30,0x10,0x30,0x
0x39,0x20,0x26,0x10,0x2b,0x10,0x2b,0x20,0x2b,0x40,0x40,0x10,0x40,0x10,0x20,0x
0x20,0x10,0x2b,0x10,0x26,0x30,0x30,0x80,0x00,
//路边的野花不要采
0x30,0x1C,0x10,0x20,0x40,0x1C,0x10,0x18,0x10,0x20,0x10,0x1C,0x10,0x18,0x40,0
0x20,0x20,0x20,0x1C,0x20,0x18,0x20,0x20,0x80,0xFF,0x20,0x30,0x1C,0x10,0x18,0
0x15,0x20,0x1C,0x20,0x20,0x20,0x26,0x40,0x20,0x20,0x2B,0x20,0x26,0x20,0x20,0
0x30,0x80,0xFF,0x20,0x20,0x1C,0x10,0x18,0x10,0x20,0x20,0x26,0x20,0x2B,0x20,0
0x20,0x2B,0x40,0x20,0x20,0x1C,0x10,0x18,0x10,0x20,0x20,0x26,0x20,0x2B,0x20,0
0x20,0x2B,0x40,0x20,0x30,0x1C,0x10,0x18,0x20,0x15,0x20,0x1C,0x20,0x20,0x20,0
0x40,0x20,0x20,0x2B,0x20,0x26,0x20,0x20,0x20,0x30,0x80,0x20,0x30,0x1C,0x10,0
0x10,0x1C,0x10,0x20,0x20,0x26,0x20,0x2B,0x20,0x30,0x20,0x2B,0x40,0x20,0x15,0
0x05,0x20,0x10,0x1C,0x10,0x20,0x20,0x26,0x20,0x2B,0x20,0x30,0x20,0x2B,0x40,0
0x30,0x1C,0x10,0x18,0x20,0x15,0x20,0x1C,0x20,0x20,0x20,0x26,0x40,0x20,0x20,0
0x20,0x26,0x20,0x20,0x20,0x30,0x30,0x20,0x30,0x1C,0x10,0x18,0x40,0x1C,0x20,0
0x20,0x26,0x40,0x13,0x60,0x18,0x20,0x15,0x40,0x13,0x40,0x18,0x80,0x00};
void Time0_Init()
{
    TMOD = 0x01;
    IE = 0x82;
```

92

```
        TH0 = 0xDC;
        TL0 = 0x00;
}

void Time0_Int() interrupt 1
{
        TH0 = 0xDC;
        TL0 = 0x00;
        Count++; //长度加 1
}
void Delay_xMs(uint x)
{
        uint i,j;
        for(i=0; i<x; i++)
        {
                for(j=0; j<3; j++);
        }
}
void Play_Song(uchar i)
{
        uchar Temp1,Temp2;
        uint Addr;
        Count = 0; //中断计数器清 0
        Addr = i * 217;
        while(1)
        {
            Temp1 = SONG[Addr++];
            if (Temp1 == 0xFF) //休止符
            {
                TR0 = 0;
                Delay_xMs(100);
            }
            else if (Temp1 == 0x00) //歌曲结束符
            {
```

```c
                return;
        }
        else
        {
                Temp2 = SONG[Addr++];
                TR0 = 1;
                while(1)
                {
                        Speak = ~Speak;
                        Delay_xMs(Temp1);
                        if(Temp2 == Count)
                        {
                                Count = 0;
                                break;
                        }
                }
        }
}
void Main()
{
        Time0_Init(); //定时器 0 中断初始化
        while(1)
        {
                if(key1 == 0)
                {
                        Delay_xMs(300);
                        if(key1 == 0)
                        {
                                Play_Song(0); //Play_Song(0)为祝你平安
                        }
                }
                if(key2 == 0)
                {
```

```
        Delay_xMs(30);
        if(key2 == 0)
        {
            Play_Song(1); //Play_Song(1)为路边的野花你不要采
        }
    }
}
```

课题四　交通信号灯设计与制作

1. 设计目的

（1）了解交通信号钟管理的基本工作原理。

（2）熟悉 AT89S51 单片机的各种工作方式和应用。

（3）熟悉应用编程，掌握软硬件相结合的方法。

（4）掌握多位 LED 显示问题的解决方式及显示方法。

（5）通过本次课程设计加深对单片机课程的全面认识和掌握，对单片机课程的应用有进一步的了解。

（6）通过单片机课程设计，熟练掌握编程的方法,将理论联系到实践中去,提高我们的动脑和动手的能力。

（7）通过交通信号钟的设计和简单程序的编写,最终提高我们的逻辑抽象能力。

（8）通过此次课程设计掌握仿真软件的应用，能将软硬件结合起来，对程序进行编辑和校验。

2. 设计要求

（1）设计一个十字路口的交通灯控制电路，要求甲车道和乙车道两条交叉道路上的车辆交替运行，每次通行时间为 25 s。

（2）要求黄灯先亮 5 s，才能变换运行车道。

（3）黄灯亮时，要求每秒钟闪亮一次。

3. 设计程序

程序说明

（1）将 B7 区的 SW10 全部拨到 ON，将 B8 区的 SW3 全部拨到 ON。

（2）用杜邦线将 P22—P27 接到 A8 区 J6 的 D1—D6。

```
#include<reg52.h>
#include<intrins.h>
#define uchar unsigned char
```

```c
#define uint unsigned int

uint time,i=0;

//共阴极数码管，0～9 段码表
uchar   code Duan[]={0x3F, 0x06,0x5b,0x4F,0x66,0x6D,0x7D,0x07,0x7F,
                     0x6F,0x63,0x39};
uchar   Data_Buffer[8]={0,0,0,0};//四个数码管显示数值，数组变量定义

sbit P20=P2^0;//手动按键，控制东西优先
sbit P21=P2^1;//手动按键，控制南北优先
sbit P07=P0^7;

sbit P22=P2^2;//  东西方向红灯
sbit P23=P2^3;//  东西方向黄灯
sbit P24=P2^4;//  东西方向绿灯
sbit P25=P2^5;//  南北方向红灯
sbit P26=P2^6;//  南北方向黄灯
sbit P27=P2^7;//  南北方向绿灯

void delay5ms(void)    //误差  0 µs
{
    unsigned char a,b;
    for(b=19;b>0;b--)
        for(a=130;a>0;a--);
}

void control()
{

        static uchar Bit=0;
        if(time==0)i++;
        if(i>4)i=1;
        switch(i) //灯的控制
        {
            case 1:if(time==0){time=25;}P22=0;P23=1;P27=0;P26=1;break;
```

```c
            case 2:if(time==0){time=5;}P22 = 1;P27 = 1;break;
            case 3:if(time==0){time=25;}P24=0;P23=1;P25=0;P26=1;break;
            case 4:if(time==0){time=5;}P24 = 1;P25 = 1;break;
        }
/************************数码管显示************************/
        Data_Buffer[0]=time/10;
        Data_Buffer[1]=time%10;
        Data_Buffer[2]=time/10;
        Data_Buffer[3]=time%10;

        Bit++;
        if(Bit>=4)
            Bit=0;
        P1|=0xff;  //关位码
        P0=Duan[Data_Buffer[Bit]]; //开段码
        if(i == 2 || i == 4)
        {
            switch(Bit)                //送位码
            {
             case 0: P1=0xfe;break;             //东西方向，右边第一个
             case 1: P1=0xfd;P07=1;break;       //东西方向，右边第二个
             case 2: P1=0xfb;break;             //南北方向，右边第三个
             case 3: P1=0xf7;break;             //南北方向，右边第四个
            }
        }
        if(i == 1 || i == 3)
        {
            switch(Bit)                //送位码
            {
             case 0: P1=0xfe;break;             //东西方向，右边第一个
             case 1: P1=0xfd;P07=1;break;       //东西方向，右边第二个
             case 2: P1=0xfb;break;             //南北方向，右边第三个
             case 3: P1=0xf7;break;             //南北方向，右边第四个
            }
        }
/************************按键部分************************/
```

```c
        if(P20==0)        //    手动东西优先通行
        {
            delay5ms();
            if(P20==0)
            {
                if(P22==0 || P23==0)
                {
                    i=3;
                    time=25;
                    P22=1;P23=1;P27=1;
                }
            }
        }
        if(P21==0)        //手动   南北优先通行
        {
            delay5ms();
            if(P21==0)
            {
                if(P25==0 || P26==0)
                {
                    i=1;
                    time=25;
                    P25=1;P26=1;P24=1;
                }
            }
        }
}

void main()
{
    TMOD = 0x01;//定时器 0，方式 1
    TH0 = (65536 - 5000)/256;   //5 ms
    TL0 = (65536 - 5000)%256;
    EA = 1;
    ET0 = 1;
    TR0 = 1;
```

```
        time=0;
        while(1)
        {
            control();
        }
}
void timer0() interrupt 1
{
        static uint count=0;
        TH0 = (65536 − 5000)/256;   //5 ms
        TL0 = (65536 − 5000)%256;
        count++;
        if(count>=200)
        {
            count=0;
            time--;
            if(i == 2 || i == 4)
            {
                P23 = !P23;
                P26 = !P26;
            }
        }
}
```

课题五 超声波测距

1. 设计目的

掌握液晶显示，熟悉超声波模块测距的原理及方法。

2. 设计要求

使用单片机实验开发板实现测距，利用超声波检测距离并进行液晶显示。

3. 设计原理

超声波测距程序，主要采用 IO 口触发测距，给发射端 Trig 至少 10 μs 的高电平信号，然后模块内部自动发送 8 个 40 kHz 的方波，接收端 Echo 自动检测是否有信号返回，若有信号返回，打开单片机定时器开始计时，通过单片机 IO 输出一高电平，高电平持续的时间就是超声波从发射到返回的时间。超声波测距时序图如图 3-5-1 所示。通过时间可以计算出来测量为：

测试距离=(高电平时间*声速(340 m/s))/2。

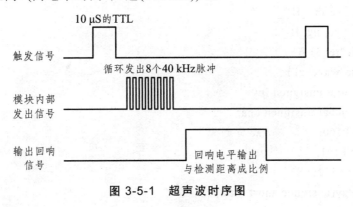

图 3-5-1 超声波时序图

4. 设计程序

程序说明

（1）将 B1 区的液晶码盘 SW11 全部拨到 ON，同时将 CS1 接到 GND。

（2）将超声波模块中的 VCC 与 GND 分别用杜邦线接单片机的 VCC 和

GND，用杜邦线把 Trig、Echo 接到 P33 和 P32 IO 口。

主程序

```c
#include "reg51.h"
#include"yejing.h"
#include"wave_zi.h"
#define uint unsigned int
#define uchar unsigned char
void main()
{
    LCD_init();
    wave_init();
    while(1)
    {
        wave_test();
        xianshi();
        delay(500);
    }
}
```

显示程序

```c
#ifndef _yejing_H__
#define _yejing_H__
#include"reg51.h"
#include"wave_zi.h"
#define uint unsigned int
#define uchar unsigned char
sbit cs=P1^0;          //液晶定义
sbit rw=P1^1;
sbit clk=P1^2;
void delay(unsigned short int z)
{
    unsigned short int x,y;
    for(x=0;x<z;x++)
        for(y=0;y<110;y++);
}
```

```
void display(uchar com,uchar ddata)    //写指令，写数据
{
    int i,j;
    uchar data1;
    delay(2);
    cs=1;
    clk=0;
    data1=ddata;
    rw=1;
    for(i=0;i<5;i++)
    {
        clk=1;clk=0;
    }
    rw=0;
    clk=1;clk=0;
    if(com==1)
        rw=1;
    else
        rw=0;                           //1 为指令，0 为数据
    clk=1;clk=0;
    rw=0;
    clk=1;clk=0;
    for(i=0;i<2;i++)
    {
        for(j=0;j<4;j++)
        {
            if(data1&0x80)
                rw=1;
            else
                rw=0;
            data1=data1<<1;
            clk=1;clk=0;
        }
        rw=0;
        for(j=0;j<4;j++)
        {
```

```
                clk=1;
                clk=0;
            }
        }
    }
void printstr(unsigned char x_y,unsigned char size,char *str)//xie zifu chuan
{
        unsigned char temp;           //x 为字符首地址，size 为长度,str[]为字符串
        display(0,x_y);               //写字符串
        for(temp = 0 ; temp<size;temp++)
        {
            display(1,str[temp]);
        }
    }
void LCD_init()
{
    //psb=0;                          //串行 0，并行 1
    display(0,0x30);                  //每次传送 8 位数据
    display(0,0x0c);                  //全屏显示
    display(0,0x01);                  //清屏
    display(0,0x02);                  //地址归位回到左上角
}
void xianshi()
{
    uchar result0,temp0[3];
    result0=Distance/10;
    temp0[0]=result0/100+0x30;
    temp0[1]=result0%100/10+0x30;
    temp0[2]=result0%10+0x30;
    printstr(0x81,12,"重庆科技学院 ");
    printstr(0x88,9,"当前距离:");
    printstr(0x8D,3,temp0);
    printstr(0x8f,2,"cm");
}
```

测距程序

104

```c
#ifndef _wave_zi_H__
#define _wave_zi_H__
#include "reg51.h"
#define uint unsigned int
#define uchar unsigned char
sbit Echo=P3^2;
sbit Trig=P3^3;
unsigned char succeed_flag=0;
unsigned char th=0,tl=0;
unsigned int Distance=0;
void delayus(uchar y)                //延时
{
    while(y--);
}
void wave_int0(void) interrupt 0
{
    th=TH0;
    tl=TL0;
    EX0=0;
    succeed_flag=1;
}
void wave_init()
{
    succeed_flag=0;
    Trig=0;
    TMOD|=0x01;                //对定时器 1 选择 16 位模式
    IT0=0;                     //设置触发方式为低电平触发
    IE0=0;
    EA=1;                      //开总中断
    ET0=0;
    TR0=0;
}
unsigned int wave_test()
{
    EA=0;
    TH0=0;
```

```
        TL0=0;
        Trig=1;                     //让 TRIG 引脚为高电平
        delayus(100);               //延时 20 μs
        Trig=0;                     //产生方波
        while(Echo==0);             //等待 Echo 变为低电平，即开始发射超声波
        TR0=1;                      //开始计时
        succeed_flag=0;
        EXO=1;
        TFO=0;
        EA=1;
        while(TH0<40);              //等待 255 μs 或者中断产生（即收到回波）
        TR0=0;                      //停止计时
        EX0=0;                      //关闭中断
        if(succeed_flag==1)         //如果收到回波
    {
        Distance=th;                //先保存高 8 位
        Distance<<=8;              //将高 8 位左移，低八位则全置 0
        Distance=Distance|tl;      //将高低八位组成新的 16 位数据
        Distance=Distance*0.173;
    }
    else
    {
            Distance=0;
    }
    return Distance/10;
}
#endif
```

附录一　基于 51 单片机的实验箱实物图、原理图及 PCB 图

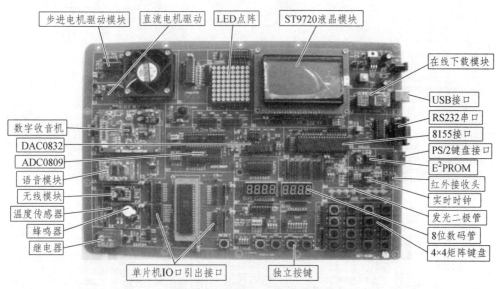

步进电机驱动模块　直流电机驱动　LED点阵　ST9720液晶模块

在线下载模块

USB接口

RS232串口

8155接口

PS/2键盘接口

E²PROM

红外接收头

实时时钟

发光二极管

8位数码管

4×4矩阵键盘

数字收音机

DAC0832

ADC0809

语音模块

无线模块

温度传感器

蜂鸣器

继电器

单片机IO口引出接口　独立按键

附图 1-1　单片机实验箱实物图

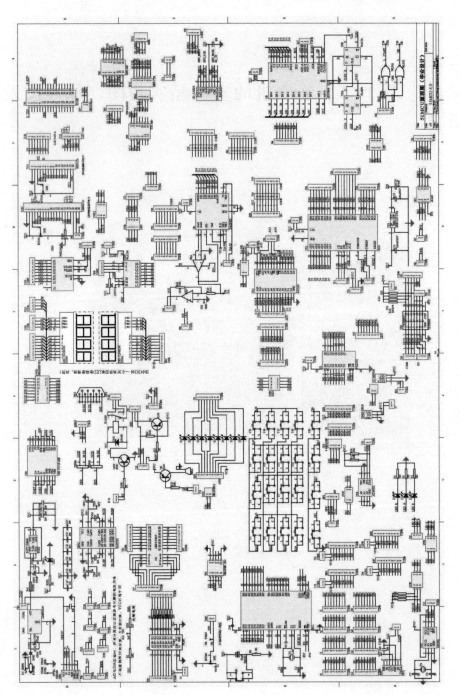

附图 1-2　系统原理图

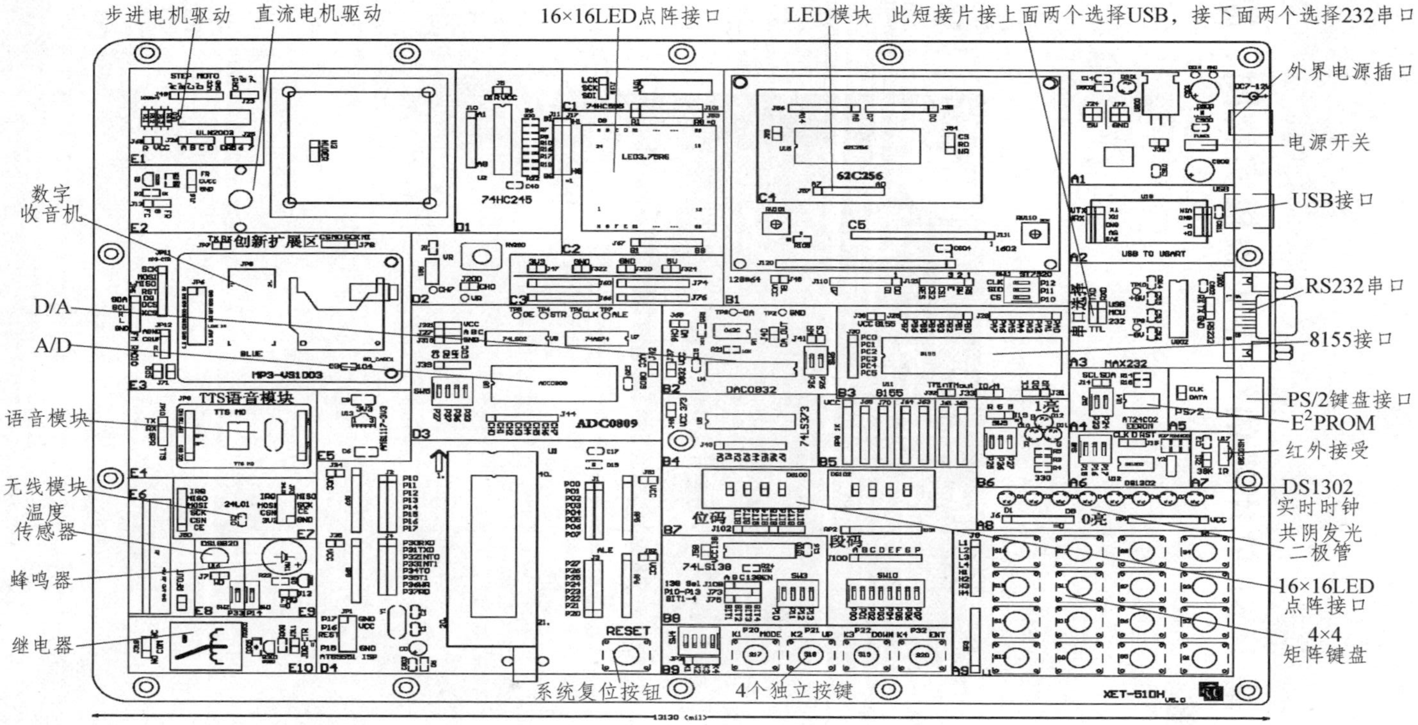

附图 1-3　实验箱 PCB 板图

附录二 基于 51 单片机的综合实验板实物图、原理图及 PCB 图

附图 2-1 板载硬件资源

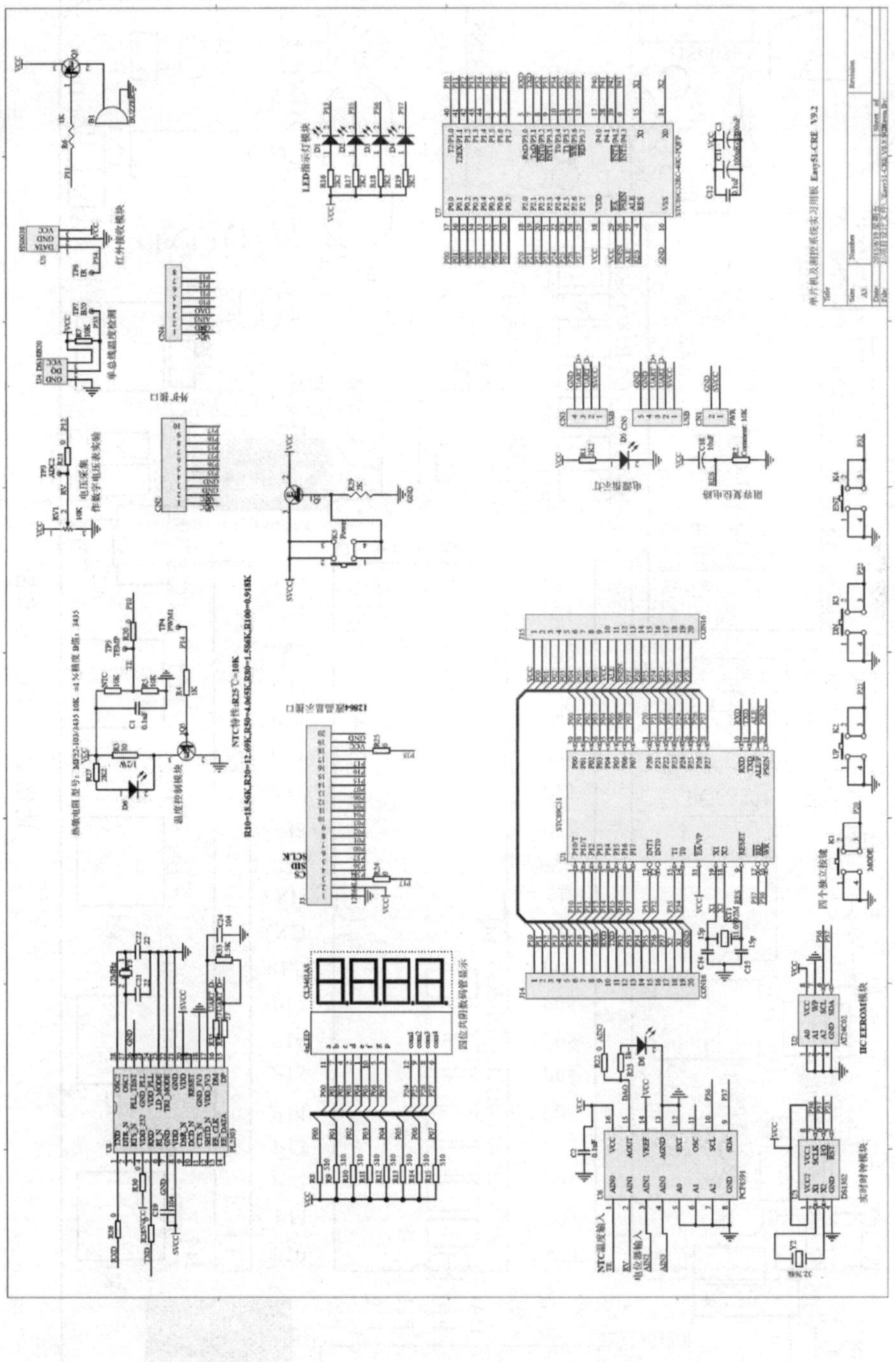

附图 2-2 原理图

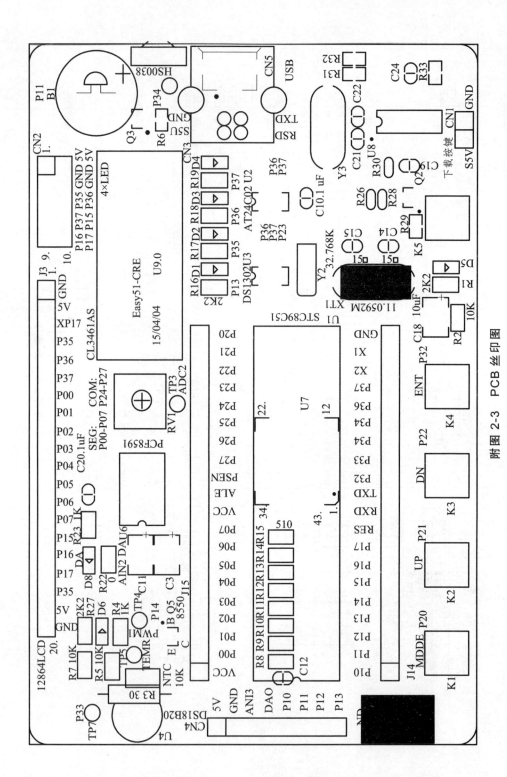

附图 2-3　PCB 丝印图

附录三　Keil C51 与 STC-ISP 软件简介

一、Keil 软件的使用

Keil 是 51 单片机最常见的开发软件。

成功安装好 Keil 软件后，即可看到计算机桌面上的 Keil 软件图标，如附图 3-1。

附图 3-1　Keil 软件图标

（1）双击图标，打开软件，出现如附图 3-2 所示界面。在打开的窗口中，选择"Project"菜单。

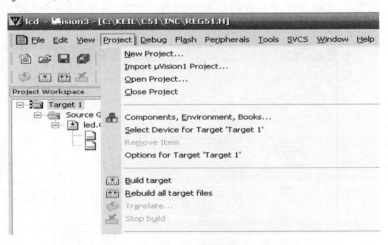

附图 3-2　软件界面

（2）点击"New Project"，出现一个创建工程对话框（附图 3-3），选择工程所在路径，并输入工程的文件名（建议用英文），点击"保存"。

附图 3-3　保存界面

（3）之后出现芯片选择界面，如附图 3-4 所示。

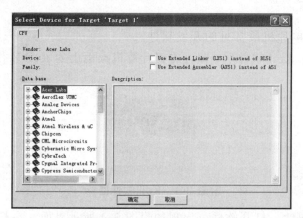

附图 3-4　芯片选择界面

（4）这里，选取常用 51 芯片即可，选择"Philips"下的"8Xc51RC+"芯片，如附图 3-5 所示。

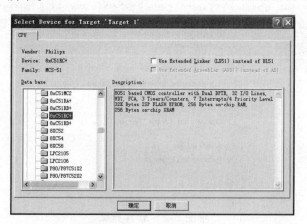

附图 3-5　芯片确定界面

（5）点击"确定"，在出现如附图 3-6 所示对话框时，选择"否"。

附图 3-6　添加程序界面

（6）至此，已成功建立工程。界面如附图 3-7 所示。

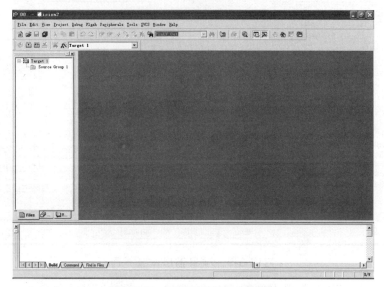

附图 3-7　工程项目建立完成

（7）点击"Project"菜单下面的"Options for Target 'Target 1'"选项，出现如附图 3-8 所示选项框。

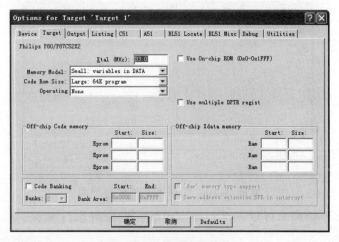

附图 3-8　项目设置界面

（8）选择"output"页面，选中"create Hex File"，并可在"Name of Executable:"
输入框中，重新输入生成 HEX 文件的文件名，然后点"确定"，以在程序编译
时，实时生成需下载到单片机中的 HEX 文件，如附图 3-9 所示。

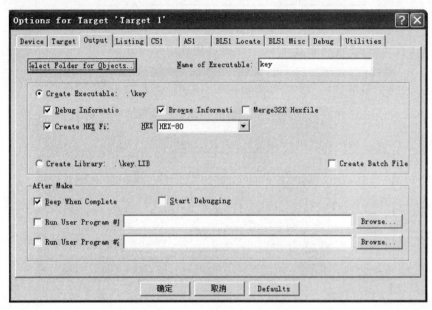

附图 3-9　项目输出设置界面

（9）点击"File"菜单下面的"New"选项，再点击"File"菜单下面的"Save"
选项，保存文件。输入文件名（C 文件扩展名为".c"，汇编文件扩展名为".asm"），
如附图 3-10 所示，取名为 main.c。

附图 3-10　C 程序文件保存界面

（10）在新建的文件里，进行程序编制，如附图 3-11 所示。

116

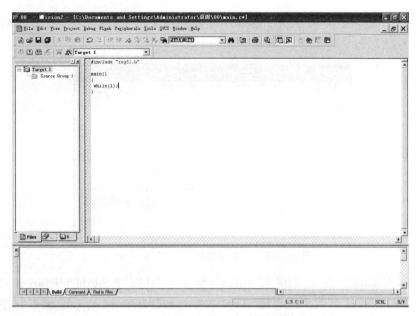

附图 3-11　主程序编写界面

（11）程序编制完成后，保存文件。将源程序文件加载到工程中。加载方法为：右击"Source Group"，在出现的选项列表中，选择"Add Files to Group 'source Group 1'"，如附图 3-12 所示。

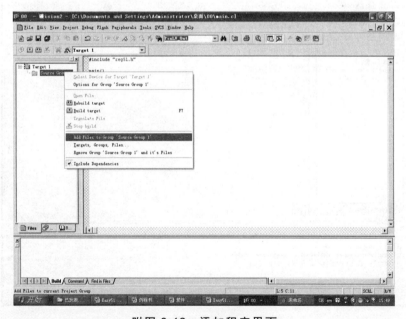

附图 3-12　添加程序界面

（12）在出现的对话框中，选择刚编辑的源文件（main.c），点击"Add"，如附图 3-13 所示。

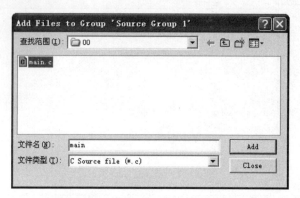

附图 3-13　添加程序文件确定界面

（13）添加成功后，点击"Project"菜单下面的"Rebuild all target files"选项。当编译通过之后才能生成 HEX 文件，如附图 3-14 所示。如果程序有错误，编译结果框中会有错误提示。双击对应的错误列表，可定位到源程序的位置，以便快速寻找错误。

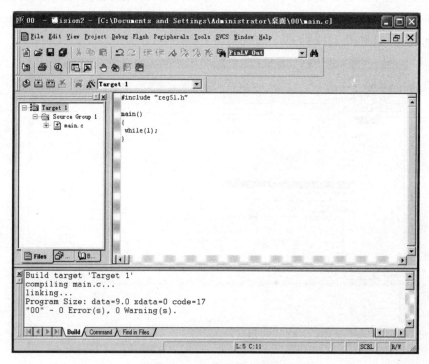

附图 3-14　项目编辑界面

二、STC-ISP 下载软件的使用方法

该软件用于将已生成的 HEX 文件下载到单片机中。具体步骤如下：

（1）双击 STC-ISP 图标，如附图 3-15 所示。

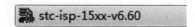

附图 3-15　软件快捷图

（2）然后在"单片机型号"列表中选择单片机型号（应选择单片机板中的
CPU 型号），如附图 3-16 所示。

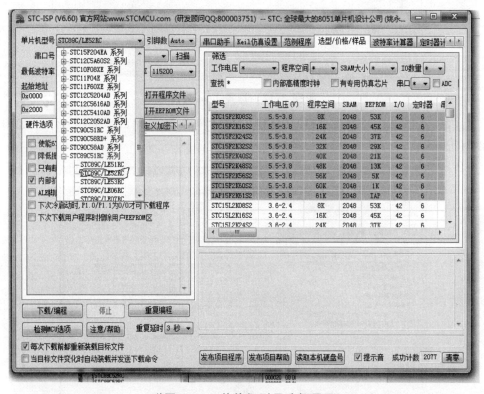

附图 3-16　单片机型号选择界面

（3）点击"打开程序文件"按钮，找到所要下载的 HEX 文件并选中，选
择"打开"，如附图 3-17 所示。

附图 3-17　选择 hex 文件

（4）选择串口的对应端口号（根据自己的硬件连接端口，如 COM1），如附图 3-18 所示。

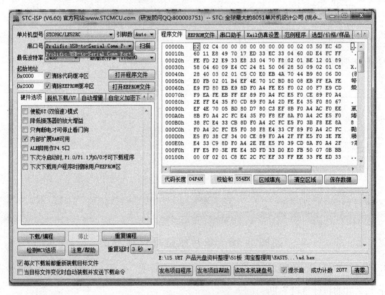

附图 3-18　端口选择界面

提示：使用电源线即可下载。但下载之前需安装 USB 转串口驱动程序。将板子与计算机连接后，请查看"设备管理器"中的 COM 识别端口号。

（5）然后选"MaxBuad"中的波特率，也可以选默认值（附图3-19）。

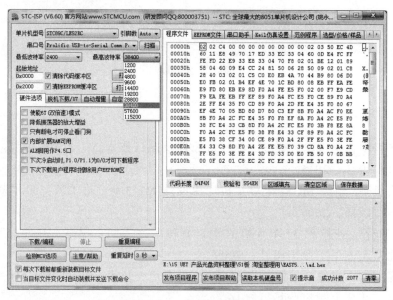

附图3-19　波特率选择界面

（6）点击"下载/编程"按钮，然后按下板子上的红色下载键，进行文件下载，如附图3-20。

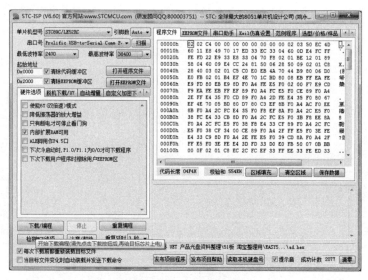

附图3-20　下载界面

（7）稍等几秒，即可下载完成。

参考文献

[1] 张毅刚，王少军，付宁. 单片机原理及接口技术[M]. 2 版. 北京：人民邮电出版社，2015.

[2] 张毅刚. 新编 MCS-51 单片机应用设计[M]. 3 版. 哈尔滨：哈尔滨工业大学出版社，2008.

[3] 郭天祥. 新概念 51 单片机 C 语言教程 ——入门、提高、开发、拓展[M]. 北京：电子工业出版社，2009.

[4] 程国钢，文坤，王祥仲等. 51 单片机常用模块设计查询手册[M]. 2 版. 北京：清华大学出版社，2016.

[5] 李朝青，刘艳玲. 单片机原理及接口技术[M]. 4 版. 北京：北京航空航天大学出版社，2013.